电能替代

典型案例集 2020

国家电网有限公司市场营销部◎编

建筑供冷供暖领域

图书在版编目（CIP）数据

电能替代典型案例集 2020. 2，建筑供冷供暖领域 / 国家电网有限公司市场营销部编. —北京：中国电力出版社，2021.1

ISBN 978-7-5198-5353-2

Ⅰ. ①电… Ⅱ. ①国… Ⅲ. ①建筑工业–节能–案例–中国 Ⅳ. ①TM92

中国版本图书馆 CIP 数据核字（2021）第 025366 号

出版发行：中国电力出版社
地　　址：北京市东城区北京站西街 19 号（邮政编码 100005）
网　　址：http://www.cepp.sgcc.com.cn
责任编辑：杨敏群　孙世通　李耀阳（010-63412531）
责任校对：黄　蓓　常燕昆　朱丽芳
装帧设计：张俊霞
责任印制：钱兴根

印　　刷：三河市万龙印装有限公司
版　　次：2021 年 1 月第一版
印　　次：2021 年 1 月北京第一次印刷
开　　本：787 毫米×1092 毫米　16 开本
印　　张：31.5
字　　数：670 千字
定　　价：110.00 元（全 5 册）

本书编委会

主　　编　李　明

副主编　刘继东

委　　员　王　昊　张兴华　覃　剑

编写人员（按姓氏笔画排序）

丁　胜　万　鹏　马　超　马美秀　王　莹　成　岭

华　隽　刘　冲　刘　畅　刘　政　刘　博　刘　蕾

江　城　阮文骏　孙贝贝　李　斌　李树谦　李索宇

李海周　杨岑玉　吴　怡　何　为　张　凯　张　然

张　薇　苗　博　周博滔　郑元杰　赵　骞　饶　尧

桂俊平　钱宇轩　倪　杰　徐丁吉　徐桂芝　高照远

唐　亮　葛安同　程　元　雷明明　薛一鸣

习近平总书记提出中国二氧化碳排放力争于2030年前达到峰值，努力争取2060年前实现碳中和，标志着中国能源转型进入新的发展阶段。面对“碳达峰、碳中和”新目标，进一步深入实施电能替代，提高能源消费端电气化水平，对于推动能源消费革命、落实国家能源战略、促进能源清洁化发展和节能减排意义重大。国家电网有限公司近年来大力实施电能替代，在供给侧推行清洁替代、在消费侧实施以电代煤（油），累计实施电能替代项目31万个，完成替代电量8678亿千瓦时，推动电能占终端能源消费比重提高了2.8个百分点，减少碳排放2.5亿吨以上，为促进社会节能减排、改善大气环境做出积极贡献。

为进一步加强电能替代技术交流与经验分享，指导帮助基层一线人员拓展电能替代广度深度，国家电网有限公司营销部组织各省公司认真总结电能替代实践经验，编写了《电能替代典型案例集2020》系列丛书。本丛书共分5册，分别为《电能替代典型案例集2020　工业领域》《电能替代典型案例集2020　建筑供冷供暖领域》《电能替代典型案例集2020　交通运输领域》《电能替代典型案例集2020　农业领域》《电能替代典型案例集2020　电力供应与消费领域》。丛书编写得到了国网河北、冀北、江苏、安徽、河南、四川等省电力公司，南瑞集团、国网综能服务集团，中国电科院、联研院等单位的大力支持。

本丛书案例来源于近两年各省电力公司推动实施的典型优秀项目，经过专家层层筛选，最终收录到丛书中，力求为电能替代工作人员提供借鉴、参考。

限于编者水平，书中难免存在不妥或疏漏之处，恳请广大读者批评指正。

编　者

2020年12月

目录

案例 1
北京市顺义区小区大型空气源热泵集中供暖项目

一、项目基本情况

北京的居民小区、企事业单位、学校等在冬季多采用燃气锅炉集中式供暖，大部分农村居民采用分散式电供暖。

国网顺义供电公司选取某小区作为试点，试点原由该小区燃气锅炉房进行独立供暖，同时还为小区周边的商业楼、医院等单位供暖，总供暖建筑面积约为 8.4 万平方米（其中居民供暖面积约为 5.6 万平方米，非居民供暖面积约为 2.8 万平方米），末端为暖气片供热。现改用大型空气源热泵进行集中供暖。

二、技术方案

1. 方案比较

方案一：天然气锅炉供暖。优点：供暖设备一次性投资金额低，北京市给予供暖公司供暖燃料补贴。缺点：局部地区存在“气荒”等能源短缺问题，燃烧后有氮氧化物等污染物排放。

方案二：电极锅炉蓄热系统供暖。优点：电能供暖不产生污染物排放。缺点：增加配套蓄热设备、配电设备、土建空间和投资，可能增加上级电网改造工作；运行方面，单位面积能源消耗成本高。

方案三：大型空气源热泵集中供暖。优点：电能供暖不产生污染物排放；设备采用 10 千伏电源直供，占地较小，不需增加额外配电设备及上级电网改造；单位面积能源消耗低；制热 COP（能效比）高。缺点：供暖设备一次性投资金额高。

该试点小区三种供暖方式数据对比见表 1。

表 1　试点小区三种供暖方式数据对比表
（该小区供暖季天然气每平方米按 9 立方米耗气量计算）

设备类型	天然气锅炉	电极锅炉蓄热系统	大型空气源热泵
能源类型	天然气	电	电+低位热源（环境空气）
供暖面积	8.4 万平方米		
供暖季平均热负荷	2.343 兆瓦		
供暖设备额定功率	热功率：10 兆瓦/台和 6 兆瓦/台（一用一备）；电功率：250～300 千瓦	8 兆瓦/台	1.5 兆瓦/台
供暖设备一次性投资金额	90 万元	336 万元	350 万元
运行方式	根据负荷调整锅炉运行状态	夜间 9 小时蓄热满足全天供暖	外界环境温度范围在-17～20 摄氏度均由空气源热泵供暖
主要配套设施费用	燃气管网建设	电源接入工程+电蓄热设备	电源接入工程+空气源热泵设备
热效率	90%	99%	250%～400%
供暖季能源总消费量	75.6 万立方米	680.4 万千瓦时	212.5 万千瓦时
能源价格	北京郊区供暖用气价格 2.51 元/立方米	谷段电量占比 100%，北京郊区 10 千伏大工业用电谷电价 0.366 6 元/千瓦时	峰段电量占比 29.36%，电价 0.976 4 元/千瓦时；平段电量占比 31.97%，电价 0.667 0 元/千瓦时；谷段电量占比 38.67%，电价 0.366 6 元/千瓦时
能源消耗成本	22.59 元/平方米	44.93 元/平方米	19.09 元/平方米
环境效益	有排放	无排放	无排放

电能是清洁、充足的二次能源，采用电供暖既可以缓解局部地区“气荒”等能源短缺问题，又可以显著降低供暖地区有关污染物排放量，改善生态环境质量，大型空气源热泵集中供暖方案不需增加额外配电设备及上级电网改造。因此选择方案三最为经济、环保。

2. 方案简述

总供暖建筑面积约为 8.4 万平方米，选用 1510 千瓦大型空气源热泵，压缩机为半封闭双极离心压缩机，冷凝器为管壳式，末端采用翅片散热。根据项目需要，在现有锅炉房场地内完成以下建设内容。

（1）土建基础

1）热泵机组以及配电室、电控室等基础土建完成，包括排水沟、电缆沟等基础附件配置。

2）压缩机冷凝器等主机部分需按照北京市噪声污染有关管理要求设置户外隔音罩（18.1m × 6.2m × 5m）。

（2）配电设备

1）高压电源：10 ×（1 ± 5%）千伏，（50 ± 0.5）赫兹，经消弧线圈接地系统。用电负荷约 1510 千瓦。两路电源。

2）低压电源：380 ×（1 ± 5%）千伏，（50 ± 0.5）赫兹，交流三相四线制，中性点直接接地系统。变电容量 400 千伏安 × 2。

（3）暖通设施

1）预留管道接口以及切换阀门。

2）增设循环水水泵及水泵变频器。

3）安装热计量表。

（4）热泵本体设备

1）安装五组翅片式蒸发器，采用 R134a 冷媒作为循环工质，其系统图、现场图如图 1、图 2 所示。

2）主机部分将低压级压缩机、高压级压缩机、冷凝器、储液器、气液分离器、管路阀件等部件集成安装，其系统图、现场图如图 3、图 4 所示。

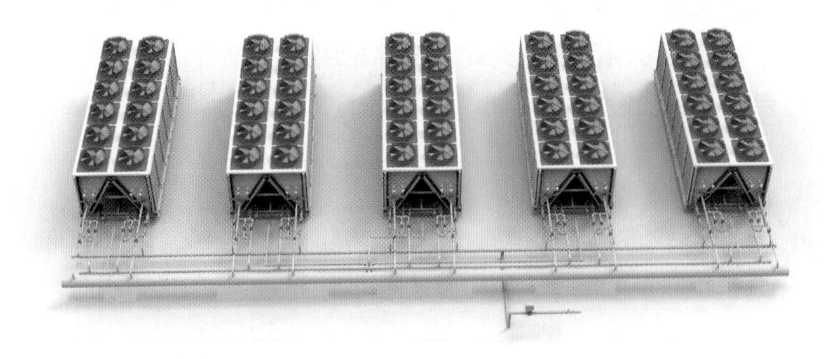

图 1　蒸发器模块系统图

图 2　蒸发器模块现场图

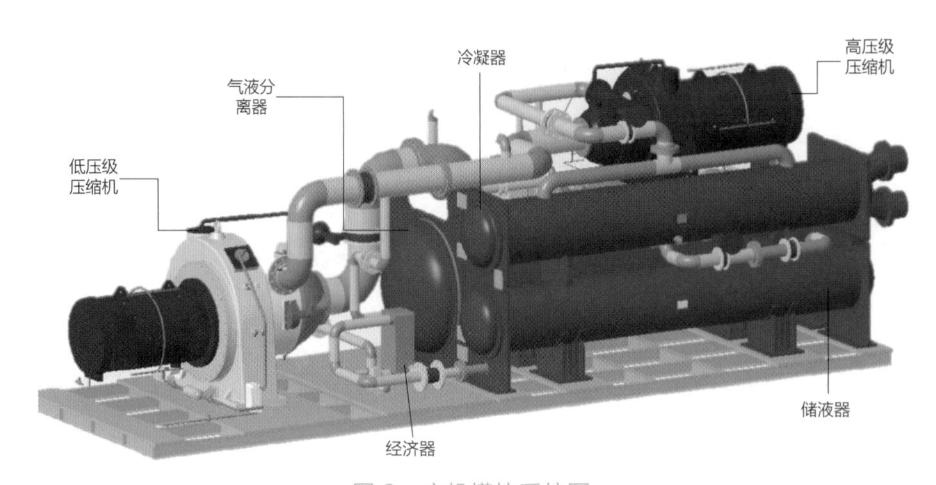

图 3　主机模块系统图

图 4　主机模块现场图

大型空气源热泵的组成系统图和产品主要技术参数分别见图 5 和表 2。

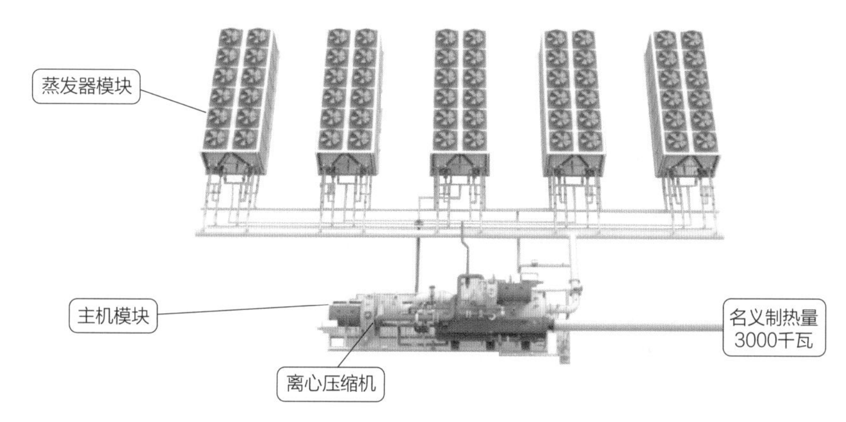

图 5　大型空气源热泵组成系统图

表 2　大型空气源热泵产品主要技术参数

序号	机型		空气源热泵
1	制热量（千瓦）		3000
2	电源		10 千伏、50 赫兹
3	压缩机输入功率（千瓦）		1510
4	压缩机	型式	半封闭双级离心压缩机
		启动方式	40%负荷
		能量调节	40%～100%无级能调
5	蒸发器	型式	翅片
		风量（立方米/小时）	288 000 可调
		压降（千帕）	40～80

续表

序号	机型		空气源热泵	
6	冷凝器	型式	管壳式	
		水流量（吨/小时）	水泵可调	
		水压降（千帕）	40～80	
7	外形尺寸	长（毫米）	蒸发器一组 7200	主机 9000
		宽（毫米）	2800	2800
		高（毫米）	2220	3200
8	制冷剂	充注量（千克）	2000	
		调节方式	电子膨胀阀	
9	接管规格	冷凝器进水	—	
		冷凝器出水	—	
10	净重	吨	主机 22.5，蒸发器 10	
11	运行质量	吨	主机 24.5，蒸发器 10	

三、项目实施及运营

1. 投资模式及项目建设

试点项目由国网顺义供电公司筹措资金进行建设。

2. 项目实施流程

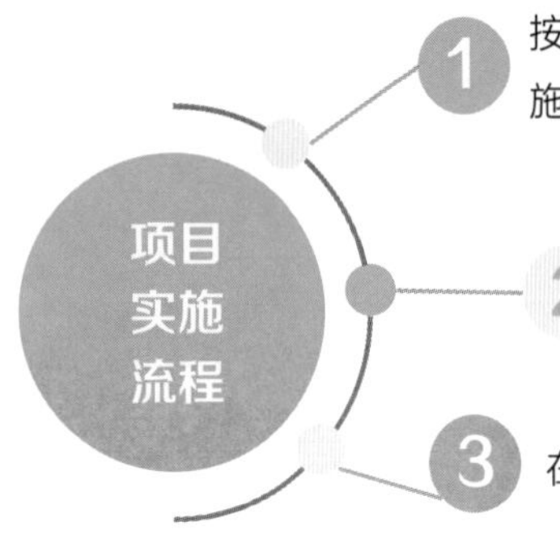

1 按照设计图纸要求，分别完成暖通管道、配电设施、土建基础的施工。

2 大型空气源热泵主机、蒸发器等设备按照研发团队图纸要求进行组装。

3 在所有工作内容均完成后，开展竣工验收及设备调试运转工作。

四、项目效益分析

1. 经济效益分析

大型空气源热泵能源消耗成本约 19.09 元/平方米，每个供暖季蓄水及补水费用约为 1.03 万元，人工及维护综合成本约为 47 万元。按照每个供暖季收取居民供暖费 30 元/平方米、非居民用户供暖费 43 元/平方米，供暖行业平均供暖费回收率 90%测算，每个供暖季可收取供暖费约 259.56 万元，供暖收益约为 51.17 万元。

大型空气源热泵项目建成后，2019 年 11 月—2020 年 3 月，设备进行了试运行，同时根据实际运行条件对热泵系统进行了优化改进。经测算，试点项目供暖面积为 8.4 万平方米，一个供暖季产生的大工业电量约为 2.125×10^6 千瓦时，实现销售电量收入约为 160.36 万元（含大工业基本电费）。

2. 社会效益分析

1 节能减排的社会环保效益

试点供暖区域原为燃气锅炉供暖，一个供暖季需消耗天然气约 75.6 万立方米，依据《环境保护实用数据手册》，每 1 万立方米天然气燃烧产生二氧化氮约 6.3 千克，可计算得出该试点项目在一个供暖季供暖会产生 476.28 千克二氧化氮。使用大型空气源热泵进行集中供暖后，将直接减少此部分二氧化氮的排放，进一步改善环境空气质量。

企业转型升级、提升经济效益

截至 2017 年年底，我国北方地区城镇供热面积 1.59×10^{10} 平方米，初步计算得出北方地区城镇供热年消耗燃气 1.431×10^{11} 立方米。大型空气源热泵“以电代气”项目的实施，可以缓解局部地区“气荒”等能源短缺现象，对我国能源战略改变起到促进作用。对于电力企业而言，大型空气源热泵项目在不增加电网额外投资的前提下，实现了电网资源合理化运用，进一步提高了电网运行效率，有利于公司电网运行的提质增效，进一步推动公司向综合能源服务供应商深化转型。

五、推广建议

1. 经验总结

项目主要亮点

（1）技术创新突破，适用集中供暖。大型空气源热泵以先进航空技术为依托，自主研发高效离心压缩机，该压缩机可以由 10 千伏直接供电。单套热泵设备设计适用面积可达 10 万平方米，适用于大型居民小区集中供暖，以及供暖末端为风机盘管、地暖或暖气片的应用场景。

（2）制热能效比高，单位能耗值低。热泵设备所使用的双机双级复叠循环系统采用单制冷剂循环，为一级节流中间不完全冷却循环。两台制冷压缩机直接耦合以提高电压比，提高空气源热泵出水温度。压缩机根据工况需求可单台使用，也可两台串联使用，提高变工况下整体能效系数。同时配备经济器用于压缩机中间冷却补气，提高整体系统效率。大型空气源热泵总制热量达 3000 千瓦以上，为传统中小型空气源热泵的 3～30 倍左右，平均能效比可达 3.0 及以上。

（3）降低污染物排放，提升能源利用。使用清洁环保能源，利用可再生资源清洁供热。相对燃气锅炉供暖形式，减少一次能源的燃烧及氮氧化物的排放，在使用区域内实现真正意义上的零污染、零排放。用空气源供暖逐步取代现有的燃气供暖，有利于节能减排目标的实现。

（4）不增电网投资，提高运行效率。以建筑面积 1×10^5 平方米的居民小区为例，在考虑小区居民正常用电及小区配套附属设施用电负荷的情况下，小区配置变压器容量应为 3200 千伏安及以上（如果按照标准中居民小区采用集中式电锅炉供暖的住宅，则小区需要配置更大容量的变压器）。小区夏季降温负荷约为 2200 千瓦，大型空气源热泵最大用电负荷为 1500 千瓦，不会给配套电网运行带来任何压力，满足了夏季降温和冬季供暖的需求。在不增加电网投资、现有线路改造投资及变压器容量的前提下，同时提高了电网设备运行效率。

注意事项及完善建议

（1）热泵设备保障室内供暖温度达标的环境温度运行范围为-17～20 摄氏度。当出现极端低温天气，或由于热泵设备运行期间出现故障造成供暖不能达到标准温度时，可根据实际情况，采用移动燃气锅炉车作为临时应急供暖补充。

（2）为保障供电可靠性，建议热泵 10 千伏侧和 0.4 千伏侧均采用双路供电方式。如发生紧急情况，另可采用容量为 1600 千伏安的应急发电车作为故障情况下短时（6～12 小时）备用电源来恢复热泵工作。

（3）针对天然气能源短缺地区、各种能源管网贫瘠地区等供暖需求，建议综合能源公司采取以下模式开展供暖市场拓展：① 与产权方合作，采取产权方出资购置设备并提供施工服务的模式，综合能源公司为其提供设备供应及技术支持；② 由综合能源公司经过专业测算，投资建设大型空气源热泵供暖系统，并负责后期运营，按照供暖面积向产权方收取供暖费用，实现投资收益回报。

2. 推广策略建议

（1）北京市城市管理委员会数据显示，2018 年北京市城镇地区供热面积达到 8.7×10^{8} 平方米。据清洁供热产业委员会（CHIC）不完全统计，截至 2017 年年底，我国北方地区供热总面积 2.32×10^{10} 平方米（城镇供热面积 1.59×10^{10} 平方米，农村供热面积 7.3×10^{9} 平方米）。根据《北方地区冬季清洁取暖规划（2017—2021）》数据推算，2021 年北方地区供热总面积将达到 2.52×10^{10} 平方米，供暖市场规模庞大。

（2）很多供暖企业靠政府财政补贴运营，如采用大型空气源热泵供暖，可以有效减少政府部门的运营补贴费用支出。电力企业对于电力设备的运维有着丰富经验以及充足的运维力量，热泵在建设、运行、维护等阶段都可与小区电力设施人员方便地迭代衔接，有利于公共服务体系的优化叠加，效率和效益明显提高。

（3）对于集中供暖的新建小区，可以进行同步配套建设；对于集中供暖的存量小区，可以进行供暖改造。

（4）对于能源管网不方便接入的偏远地区集中供暖小区，可以考虑采用此种供暖方式。

案例 2
河北省承德县校园低温空气源项目（冀北）

一、项目基本情况

河北省承德县 37 所中小学原采用燃煤锅炉供暖，不能很好地控制温度和供暖时段，既不安全也不环保，另外该供暖方式受限于小型燃煤锅炉使用政策，承德县政府大力推进燃煤锅炉淘汰，降低污染物排放，改善大气环境质量。低温空气源技术以电发热，不需要建设锅炉房，也免去了堆煤排渣的占地，没有煤炭运输和存放的污染，也没有燃煤供暖排放的烟尘，既能节约学校新建供暖设施的费用，又能营造绿色清新的校园环境，保障学生的身体健康。因此，承德县政府集中将学校燃煤锅炉淘汰，改为低温空气源的方式供暖。该项目共需为 37 所中小学、幼儿园、职教中心提供冬季供暖设施，供暖面积约 194 467 平方米。项目主设备、电力增容、附属设施、管网等项目总投资共计约 6000 万元，项目基本信息见表 1。

表 1　　项 目 基 本 信 息

建筑类型	学校	供暖面积	约 194 467 平方米
供暖时间	90 天	日供暖时间	约 12 小时
意向供暖方式	低温空气源热泵	供暖温度	（18±2）摄氏度
原供暖设备	燃煤锅炉	末端形式	暖气片
执行电价	中小学教学用电	电压等级	380 伏
是否有供冷需求	无	供冷时间	无

二、技术方案

1. 方案比较

方案一：中央空调。优点：外形美观，舒适度高，温度与时间可调节，适用于面积较大的低密度住宅与别墅。缺点：前期的投入大且运行费用较高，耗电量大。

方案二：地热地板供暖。优点：温度分布均匀，高效节能，节省空间。缺点：地板地热供暖对于地板质量的环保要求较高，在持续加热的情况下更容易产生挥发性有害气体，造价高，工程耗时长。

方案三：碳晶板供暖。优点：节能环保，有益健康，耐用可靠，施工简单。缺点：造价成本高，由于碳晶电热板的发热体是平面碳晶板，其造价比其他电热板略高。

方案四：空气源热泵。优点：比传统供暖方式节能 30%～50%，运行成本远远低于中央空调，供暖舒适自然，采用水循环系统，冬季室内不干燥，夏季制冷和人体体温差小，舒适度高。缺点：空气源热泵不耐寒，空气源热泵的热量主要来源于空气中的热量，当室外温度降低时，空气中的热量就会减少，从而导致空气源热泵的制热效率变低，耗电量增加。

由于客户性质属于学校，施工时间不宜过长，且材料必须环保无害，为了给学生营造舒适度高的学习环境，达到温度可控和供暖时间可控的效果，因此选择方案四。考虑承德地区冬季寒冷，不能使用普通空气源热泵，所以采用的是低温空气源热泵。

2. 方案简述

项目根据不同学校的供热情况进行个性化匹配。每个学校根据供暖面积的大小，配置不同数量的热泵设备，现场图片如图 1 所示。37 所学校的供暖面积共 194 467 平方米，共安装 57 个制热功率为 48 千瓦的热泵机组，户内末端共安装 1759 片暖气片以及 733 个暖风机。

图 1　现场图片

低温空气源热泵机组实物如图 2 所示。

图 2　低温空气源热泵机组实物

三、项目实施及运营

1. 投资模式及项目建设

该项目主设备、电力增容、附属设施、管网等项目总投资共计约 6000 万元。其中配电部分属于学校低压侧改造，由政府统一招标，进行投资。供暖设备由学校出资建设，自主运营。

2. 项目实施流程

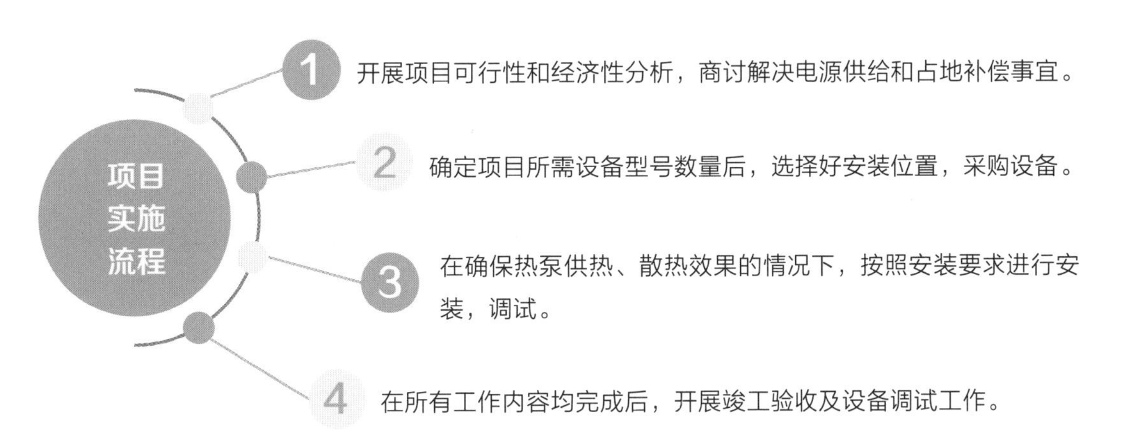

四、项目效益分析

1. 经济效益分析

根据学校现状，冬季约 30 天时间为寒假，则实际供暖天数为 90 天。另外，由于学校夜间无需供暖，每天实际供暖时间不超过 12 小时，以 12 小时计。

2019 年 11 月—2020 年 3 月，学校冬季电供暖用电量 8 740 013 千瓦时。

每年供暖运行费用为 8 740 013 × 0.486 2 ≈ 4 249 394.32（元）≈ 424.94（万元）。

改造前每年所需燃煤 4 457 406.63 千克，以每吨煤 900 元计，所需费用为 4457.4 × 900=4 011 660（元）。人工费计每月 3000 元，每所学校需两人，工作时间为供暖期 3 个月。费用为 37 × 2 × 3000 × 3=666 000（元）。总计费用为 4011 660+666 000=4 677 660（元）≈ 467.77（万元）。

经过对比，承德县 37 所学校“煤改电”项目改造后每年供暖费用约减少了 467.77-424.94=42.83（万元）。

2. 社会效益分析

承德县校园“煤改电”项目改造完成后，每年减少供暖所需燃煤 4457.4 吨，相当于每年减少排放 11 589 257 千克二氧化碳、37 888 千克二氧化硫、32 985 千克氮氧化物。为贯彻落实国家电网“清洁能源进校园”“打赢蓝天保卫战”奠定基础，同时为电能替代推广起到了强有力推动作用。

五、推广建议

1. 经验总结

项目主要亮点

承德县 37 所中小学电采暖项目采用的是空气源热泵技术，空气源热泵依据逆卡诺循环原理。制冷剂从室外低温空气吸收热量蒸发气化，在房间内凝结成液体释放热量，循环往复完成热泵循环，室内通过循环水或风机盘进行供暖散热。

空气源热泵应用广泛，不受环境限制，不管在任何季节以及不同空间环境条件下，也不管在任何气候条件下，都能达到稳定的使用效果，并且使用寿命长，节能性好。另外，空气源热泵依靠空气能作为动能，不会使用天然气或者煤气，达到水电分离的使用效果，在安全性能上有很大优势。

注意事项及完善建议

实现储热功能，不能完全采用谷电时段制热，设备占用空间大，造价较高。空气源热泵适用于平原地区的居民住宅和商业建筑，以及非高寒气温地区。低于-10 摄氏度的区域不推荐使用普通空气源热泵，应考虑超低温空气源热泵。

2. 推广策略建议

京津冀周边环境和气候较为干燥，为空气源热泵的推广和实施创造了有利条件。

（1）空气源热泵适用于学校、政府办公、工厂、酒店、写字楼、小区等场所。

（2）对于已采取采暖措施的使用频率较低、噪声要求较高、舒适度要求较高的场所，可重点推荐安装。

（3）适宜在农村、偏远乡镇等不便集中供暖的区域推广实施。

（4）争取政府补贴和电费电价补贴，宣传空气源热泵、电采暖运行的环保、经济优势，有助于推广此项技术。

案例 3
山东省临沂市新建小区空气源热泵供暖项目

一、项目基本情况

山东省临沂市某新建小区，附近无市政集中供热管网，总建筑面积 178 284 平方米，36 栋住宅楼，共计 1392 户，其中西区 73 068 平方米，18 栋住宅楼，552 户；北区 105 216 平方米，18 栋住宅楼，840 户。西区为有保温的节能建筑，北区外墙无保温，两区均为双层玻璃，室内末端为地盘管。空气源热泵分布式智慧能源站于 2018 年年底建成，为小区居民供暖。本项目基本信息见表 1。

表 1　　项 目 基 本 信 息

建筑类型	住宅	供暖面积	178 284 平方米
供暖时间	120 天	日供暖时间	24 小时（全天）
意向供暖方式	空气源热泵	供暖温度	（18 ± 2）摄氏度
原供暖设备	燃煤锅炉	末端形式	暖气片
执行电价	居民生活电价	电压等级	10 千伏
是否有供冷需求	无	供冷时间	无

二、技术方案

1. 方案比较

方案一：低温空气源热泵。优点：低温空气源热泵以电能作为供热能源，不烧油，不烧煤，无污染，能够极大改善冬季供暖期的大气污染问题。缺点：一次投入高。

方案二：碳晶板。优点：节能环保，有益健康，耐用可靠，施工简单。缺点：由于碳晶电热板的发热体是平面碳晶板，其造价比其他电热板稍高。

该项目以小区为安装单位，不需要铺设传统的供热管网，考虑项目造价和运行成本，选择运行成本较低，安装灵活方便的低温空气源热泵供暖。

2. 方案简述

该区总建筑面积 178 284 平方米，36 栋住宅楼，根据其供暖面积共配备空气源热泵 89 台，每台功率 90 千瓦，用能总量为 8010 千瓦。空气源热泵供暖现场图如图 1~图 3 所示。

图 1　现场图 1

图 2　现场图 2

图 3　现场图 3

三、项目实施及运营

1. 投资模式及项目建设

项目由国网山东综合能源服务有限公司负责投资建设运营。参照“市政集中供热”模式为小区进行专项供暖服务，运营期为 30 年。用户向运营方一次性缴纳设备初装费 53 元/平方米，按供暖季缴纳供暖费 22 元/平方米。

2. 项目实施流程

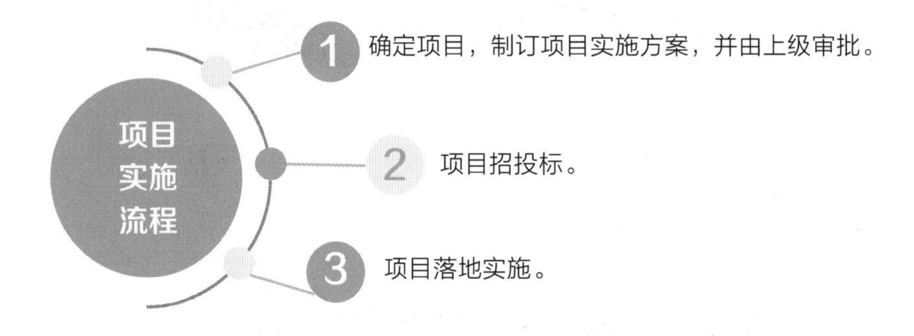

四、项目效益分析

1. 经济效益分析

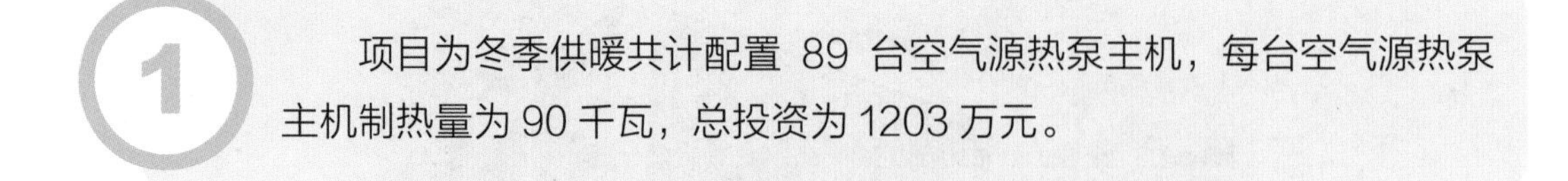

项目为冬季供暖共计配置 89 台空气源热泵主机，每台空气源热泵主机制热量为 90 千瓦，总投资为 1203 万元。

2

项目投运后，每年实现替代电量 230.9 万千瓦时，电费 115.68 万元，比采用燃煤供暖方式每年节省运行成本 60 万元。

2. 社会效益分析

1　节能减排方面，项目年电能替代电量为 2.309×10^6 千瓦时，相当于燃烧 923 600 千克标准煤，小区每年减少排放 2 401 360 千克二氧化碳、7850.6 千克二氧化硫、6834 千克氮氧化物。

2　为电能替代推广以及环保起到了较好的示范作用。

3　低温空气源热泵技术运行安全稳定，无高难度的运行操作要求，满足社区安全稳定的供暖需求。

五、推广建议

1. 经验总结

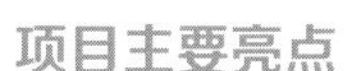

冬季干冷，空气源热泵系统充分利用了管道循环热水来提升室内温度，没有热风感，更能保持室内湿度，舒适度更高。空气源热泵十分清洁，没有环境污染，用人成本低，符合国家现行环境治理的政策要求。

在商业模式方面，首次由国网山东综合能源服务有限公司负责投资、建设和运营，为综合能源服务涉足集中供暖领域的示范项目。

注意事项及完善建议

采暖房间应采取适宜的保温措施，减少室内热量的散失，有效控制供暖系统运行的成本。

加强设备运维养护，合理使用设备，提高设备利用率。

2. 推广策略建议

（1）低温空气源热泵高效节能，运行成本低，与传统供暖方式相比，具有灵活舒适、可调温、不受地域限制等优势，具备可推广性。

（2）空气源热泵技术建议推广至酒店、宾馆、学校、医院等场合。

（3）建议结合“煤改电”和环保政策，以示范项目为引领，在适宜领域针对性推广。

案例 4
江苏省南京市高校集中供热项目

一、项目基本情况

江苏省南京市校园项目供热面积 105.01 万平方米，生活热水供应人数 3.8 万人，总供冷面积 20.45 万平方米。考虑到该学校临近华能南京电厂，有便利的余热资源优势。经充分调研考察，拟采用“电厂余热+空气源热泵”改造方案。

二、技术方案

1. 方案比较

采用电锅炉方案需电力增容；采用空气源热泵初始投资较高，电力改造难度大；校区局部有燃气接入，但其气源供应稳定性和价格稳定性略差。

采用以蒸汽为主要热源的方案，在合理划分供热分区和选择站址的基础上，每个能源站用电负荷可由邻近公建的变电站提供电源，改造较容易实现。

2. 方案简述

（1）方案简介

项目总计供暖面积 105.01 万平方米，生活热水供应人数未来将达到 3.8 万人，总供冷面积 20.45 万平方米。

项目所利用能源主要为蒸汽和电力。采用电厂提供的蒸汽为校园供暖，采用电制冷和空气源热泵辅助供冷、供热。

其中余热供暖方面以附近电厂蒸汽（1.0 兆帕、250 摄氏度过热蒸汽）作为热源。蒸汽进入能源站后减温减压为 0.6 兆帕饱和蒸汽供能源站设备使用，满足学校全部公共建筑、教师住宅、学生公寓的冬季供暖、生活热水及泳池加热需求，并通过余热制冷为部分公共建筑供冷。

（2）方案设计介绍

项目的建设范围包括能源站、室外管线以及室内末端。

能源站的建设包含土建和安装两部分，能源站工艺系统包括一次侧蒸汽系统、减温水系统、凝结水回收系统、二次侧暖气片供暖系统、空调供暖系统、生活热水系统、水处理系统、溴化锂制冷机系统。其中，空调供暖系统的回水管如图 1 所示。

图 1　空调供暖回水管

项目共设立能源站 5 座，分别为中区南能源站、中区北能源站、东区能源站、西区南能源站、西区北能源站。能源站选址分布图如图 2 所示。

图 2　能源站选址分布图

另外，根据学校原有规划，部分教学楼采用空气源热泵系统来满足供冷、供暖及生活热水的需求，供能面积 3 万平方米，空气源热泵系统同集中供热（冷）系统一起纳入投资方建设和运维的范围。

三、项目实施及运营

1. 投资模式及项目建设

该项目采用 BOT（建设—经营—转让）模式运作，由某项目单位负责投资、建设和运营。项目计划投资 1.67 亿元，主要包括设备投资、管网建设投资、末端系统改造投资等，一期已投资 1.2 亿元，供能面积约 60 万平方米，后期工程分阶段建设。服务期限为 20 年，预计投资回收期为 8～9 年。合同期满，能源系统无偿移交给校方所有。

2. 项目实施流程

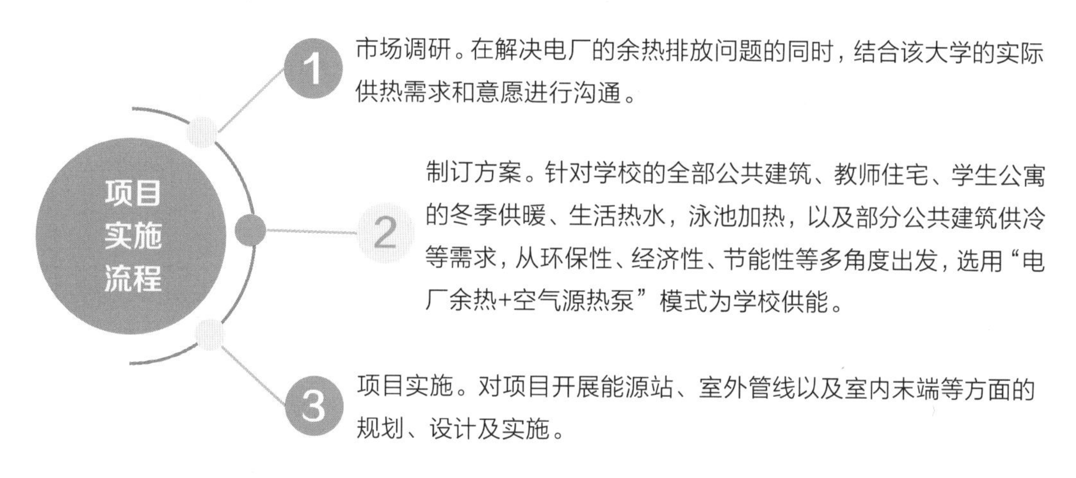

四、项目效益分析

1. 经济效益分析

项目在运营阶段，每年收取 36 元/平方米的能源费用。服务期限为 20 年，预计投资回收期为 8～9 年，内部收益率为 8.5%，财务内部收益率、投资回收期能够满足行业的基本要求。

电厂单台锅炉容量大，热效率高，在供电的同时也产生一定的热能，可通过余热利用提高燃料的热能利用率，提高热电厂的综合效益。

2. 社会效益分析

1

学校采暖、生活热水的年供热需求量约为 283 110.67 吉焦，如按现状供暖方式（使用电热水器、电暖气、电暖风机等），按电转热效率为 99.5%计算，需耗电约 79 037.04 兆瓦时，按国家火电发电煤耗 0.3 吨/兆瓦时计算，需耗标准煤量为 23 711.11 吨/年。283 110.67 吉焦热量由电厂燃煤锅炉发电后的余热供应，按电厂燃煤锅炉效率 82%计算，合计需要标准煤 11 743.43 吨/年。因此，采用低品位的电厂余热替代高品位电进行供热，相当于节省燃煤 11 967.68 吨/年，减少二氧化碳排放 3116 吨，按照国家排放标准，烟气经处理达标后，仍相应减少烟尘排放 45.32 吨、二氧化硫排放 101.73 吨、氮氧化物 88.56 吨。由此可见，项目具有良好的节能减排效益。

2

该大学是江苏省内非强制供暖区第一所、也是南方地区第二所实行集中供暖的高校。该项目的建成对南方地区集中供暖的发展具有较强的示范意义。

3

项目一期自 2019 年 11 月投运后，经过一个供暖季的验证，校内宿舍、教室供热温度都得到充分保障，学校内原有的电力负荷紧张状况也得到了显著改善。

五、推广建议

1. 经验总结

项目主要亮点

该项目整体采用电厂余热与空气源热泵供热相结合的模式，淘汰了过去安全性差、加热速度慢的电热水器，以及成本高、舒适度差的空调供热方式，率先开启了高校集中供热时代，也为南方集中式冷热联供发展奠定了基础。

注意事项及完善建议

一是项目通过建设能源站的形式，利用邻近电厂的蒸汽余热为校区集中供热，需保证系统运行水力平衡，确保能源站设备、各级管网供热系统安全可靠；二是供热系统运行要加强节能环保水平，设置远程调节阀门，实现系统的分时分区控制。

2. 推广策略建议

由于该项目利用华能南京电厂余热进行供暖，具有一定的特殊性。若有建筑在电厂周边并具有集中供热的实际需求，能较好地利用电厂余热资源，则具有显著的经济性和环保性，可依据项目经验向电厂周边存在集中供热需求的厂区、办公楼宇、学校或住宅进行复制推广。

客户经理可根据辖区内电厂的分布情况开展余热排放情况调研，并对周边潜在客户展开用能需求调研，充分挖掘潜力项目。

案例 5
江苏省响水县猪舍空气源热泵供暖项目

一、项目基本情况

该项目位于江苏省盐城市响水县，为某畜牧公司的生猪养殖基地供暖项目。项目原采用燃煤、生物质等方式供暖，2018 年，当地政府严格控制燃煤消费总量，杜绝燃煤锅炉的使用，改善大气环境。由于高污染的燃煤锅炉已经无法使用，用户需要采用新的能源设备为生猪养殖基地供暖。现改为采用空气能热泵中央热水机组满足该项目冬季供暖需求。

二、技术方案

1. 方案比较

每个生猪养殖基地内部约有 20～30 个猪舍，猪舍采暖面积为 400～700 平方米，因该类生猪养殖基地之前供暖热源主要为燃煤、生物质燃料等，存在一定的环境污染问题，而且养殖基地均位于农村偏远地区，处于天然气管网覆盖范围之外，若采用天然气供暖则管道线路过长，成本过大，因此不作为考虑。参考原采用燃煤供暖、面积 700 平方米的养猪基地供暖季用煤 10 吨的用能情况，初步拟定了 2 个方案，见表 1。

表 1　方案比较

方案	一、常温热泵机组	二、电锅炉直供
项目概况	（1）总供暖面积约为 9600 平方米； （2）最低温度参考-10 摄氏度； （3）执行农业生产电价 0.499 元/千瓦时计费； （4）参考用能 700 平方米采暖季用煤 10 吨； （5）每年供暖约 100 天	

续表

方案		一、常温热泵机组	二、电锅炉直供
热源配置	制热设备	中温热泵机组	总计 450 千瓦的电锅炉
	保温水箱	8 立方米	8 立方米
	配电要求	250 千瓦	配电容量总计 500 千瓦
	外部条件	需要开阔室外空间可分区域	锅炉房可满足安装需求
	初投资（含安装）	约 70 万元，其中设备费 55 万元，安装费 15 万元	约 30 万元
运行费用	能源价格	0.499 元/千瓦时（业主提供）	0.499 元/千瓦时（业主提供）
	能源热值	1538 焦耳/千瓦时	2996 千焦/千瓦时
	系统耗能	总供热量 70 万千瓦时；耗电量 27 万千瓦时，其中谷时电量 9.9 万千瓦时，峰时电量 17.1 万千瓦时	总供热量 70 万千瓦时；耗电量 70 万千瓦时，其中谷时电量 25.9 万千瓦时，峰时电量 44.1 万千瓦时
	能耗费用	约 16.52 万元	约 38.5 万元

对比两个方案，方案一对外部条件要求更高，方案二所需要的配电变压器容量更大，用户需要更换变压器，用电量大，耗能也相对较多，因此该项目采用能耗更低的方案一。

2. 方案简述

采用常温热泵机组，如图 1 所示，配电容量为 250 千瓦，需要开阔的室外空间，可分区域，热源初投资约 70 万元，其中设备费 55 万元，安装费 15 万元；能源热值为 1538 焦耳/千瓦时，总供热量 50 万千瓦时，耗电量 27 万千瓦时，其中谷时电量 9.9 万千瓦时，峰时电量 17.1 万千瓦时，能耗费用约 16.52 万元。

图 1　常温热泵机组

热泵装置

一台热泵装置主要由蒸发器、压缩机、冷凝器和膨胀阀四部分组成，通过让工质不断完成蒸发（吸取环境中的热量）→压缩→冷凝（放出热量）→节流→再蒸发的热力循环过程，从而将环境里的热量转移到水中，如图 2 所示。

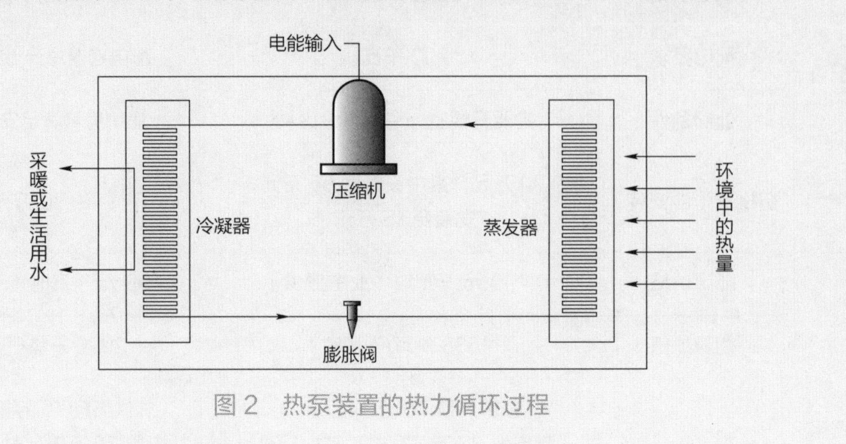

图 2　热泵装置的热力循环过程

三、项目实施及运营

1. 投资模式及项目建设

项目采用总承包模式，由某建设公司投资施工，项目实际运营主体为该畜牧公司。根据国网江苏省电力有限公司规定，使用电能替代设备，外线接入工程费用由电力公司承担，用户受电工程由用户自己投资建设。

2. 项目实施流程

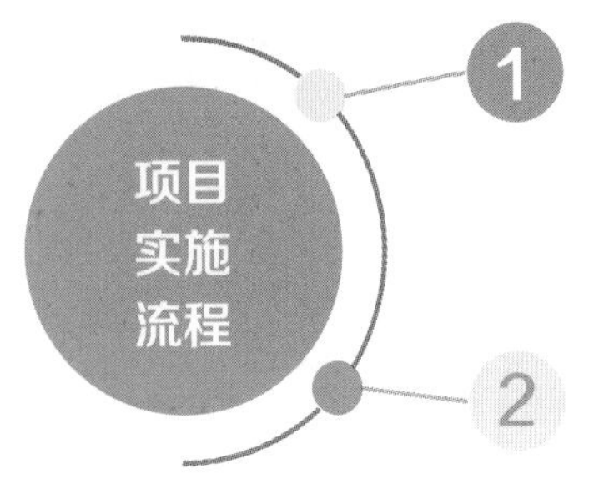

1 综合考虑用户的建筑物、使用工况、空气源热泵规格及性能参数、系统配置及运行方式、使用和维护、节能与安全、经济效益等因素，按照工程系统的设计原则，对改造方案进行设计。

2 按照设计方案完成设备招标采购，并在安装调试后投入运行。

四、项目效益分析

1. 经济效益分析

以某猪舍为例，此工程为生猪养殖，建筑保温性能一般，建筑面积 10 000 平方米，采暖负荷按 500 千瓦计算。

响水县冬季室外平均环境温度为 −8.4 摄氏度时，空气源热泵机组平均 COP（能效比）为 2.57。天然气热值 35 579.74 千焦/立方米，热效率 80%。电热值 35 599.83 千焦/千瓦时，热效率 90%。采暖时间按 120 天计算，每天运行时间为 12 小时。电平均价格 0.5 元/千瓦时，天然气单价 3.3 元/立方米。热负荷率（平均用热负荷）取 75%。

空气源热泵系统运行费用：

$$500\times12\div2.57\times75\%\times0.5\times120=105\ 058（元）$$

燃气锅炉系统运行费用：

$$500\times12\times860\div8500\div80\%\times75\%\times3.3\times120=225\ 371（元）$$

综上，采用常温空气源热泵每年运行成本约为 10 万元，采用燃气锅炉供暖每年运行成本可达 22 万元，空气源热泵投资金额约为 80 万元，燃气锅炉投资金额约为 50 万元。也就是说，空气源热泵三年内的总投入即可与燃气锅炉持平，并在之后的运行过程中，年节约运行费用 12 万元，因此采用空气源热泵系统的成本更低。

2. 社会效益分析

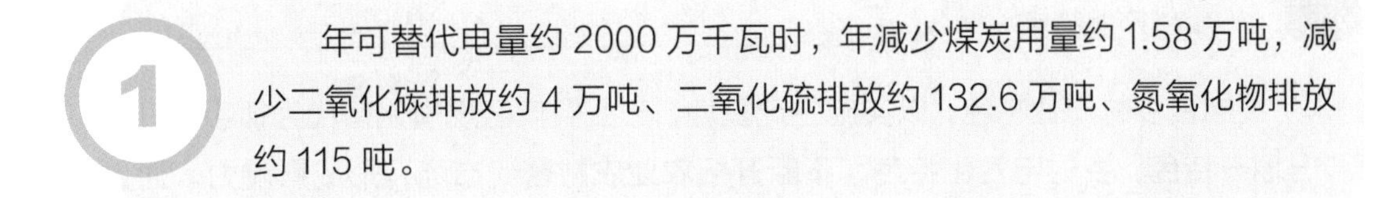

① 年可替代电量约 2000 万千瓦时，年减少煤炭用量约 1.58 万吨，减少二氧化碳排放约 4 万吨、二氧化硫排放约 132.6 万吨、氮氧化物排放约 115 吨。

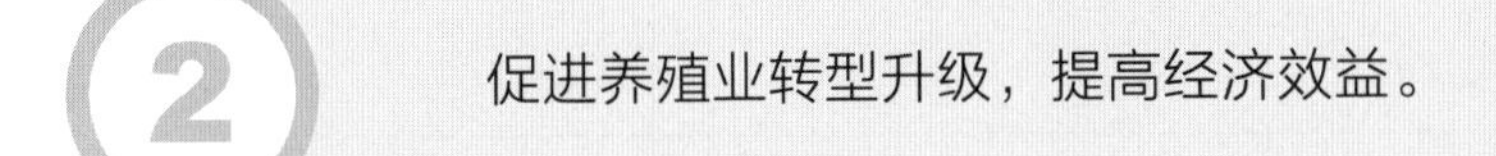

② 促进养殖业转型升级，提高经济效益。

降低生产风险，减少养殖中死猪、病猪等现象的发生，提高养殖安全性及自动化水平。

减少煤炭或天然气使用过程中的不稳定因素，极大提升供暖安全性。

五、推广建议

1. 经验总结

空气源热泵

该空气源热泵项目需改造共计 400 余台，在 2018—2019 年持续投入使用，该项目的投运是养殖业电能替代的一次成功实践。

2. 推广策略建议

乡村产业特色

要结合乡村产业特色，以实施生产基地、产业聚集区规模化替代为抓手，打造“一地一特色”乡村电气化特色，不断开拓农业农村替代市场，形成影响力。通过大力宣传电能替代促进大气污染治理，提升社会能效，促进企业降本增效，广泛传播“以电代煤”“以电代油”能源消费理念，在畜牧饲养领域形成电气化、常态化、业务拓展路径。

案例 6
浙江省开化县校园空气源热泵项目

一、项目基本情况

开化县某中学占地 74 亩（1 亩≈666.67 平方米），总建筑面积 4.4 万平方米。该校执行城镇居民合表电价 0.558 元/千瓦时，主要用能有照明、空调、热水、办公负荷等，2019 年用电量为 102.32 万千瓦时。

该校有 6 幢学生宿舍，每日共需热水 10 吨，改造前由学校燃气锅炉供应，年用气量约为 2.5 万立方米，折合电量为 25 万千瓦时。但燃气锅炉会产生大气污染物，在校园中存在安全隐患，能源费用高，且日常运维和安全检查要求较高，需要大量的人力、物力，总体性价比较低。

二、技术方案

1. 方案比较

表 1 对燃气锅炉、电锅炉和热泵热水机组三种方案进行技术经济对比分析，以 10 吨、15 摄氏度常温水加热到 55 摄氏度所需能量（$Q=Cm\Delta T$，本部分仅供方案比选，具体热量需求以实际情况为准）为例进行计算。

表 1　　各种方案对比

锅炉类型	燃气锅炉	电锅炉	热泵热水机组
安全性	●●●○○	●●●●●	●●●●●
节能性	●●●○○	●●●●○	●●●●●
便捷性	●●●●○	●●●●●	●●●●●
环保性	●●●○○	●●●●○	●●●●●

续表

锅炉类型	燃气锅炉	电锅炉	热泵热水机组
一次性投入	较低	较高	较高
后期维护	一般	简单	简单
日耗能量	63.44 立方米	517 千瓦时	166.75 千瓦时
用能成本	222.04 元	267.18 元	86.16 元

上述分析可以看出，使用天然气一次性投入有一定优势，但是天然气会产生环境污染物，且有一定安全隐患，运维费用较高；电锅炉经济性较低；热泵热水机组环保且耗电相对不高，适合学校、医院等大型公共建筑。因此，从环保和经济性比较：热泵热水机组＞电锅炉＞燃气锅炉。项目选用热泵热水机组。

2. 方案简介

该校共有 6 幢学生宿舍，每幢宿舍 6 层，每层 10 个房间，一共有 3000 余个床位，选用空气源热泵 24 台，额定电压 380 伏，名义制热量为 42 千瓦，额定热水温度为 55 摄氏度，额定功率 9.6 千瓦。

空气源热泵系统整个工作过程是一种能量转移过程（从空气中转移到水中），不是能量转换的过程。其系统工作原理如图 1 所示。

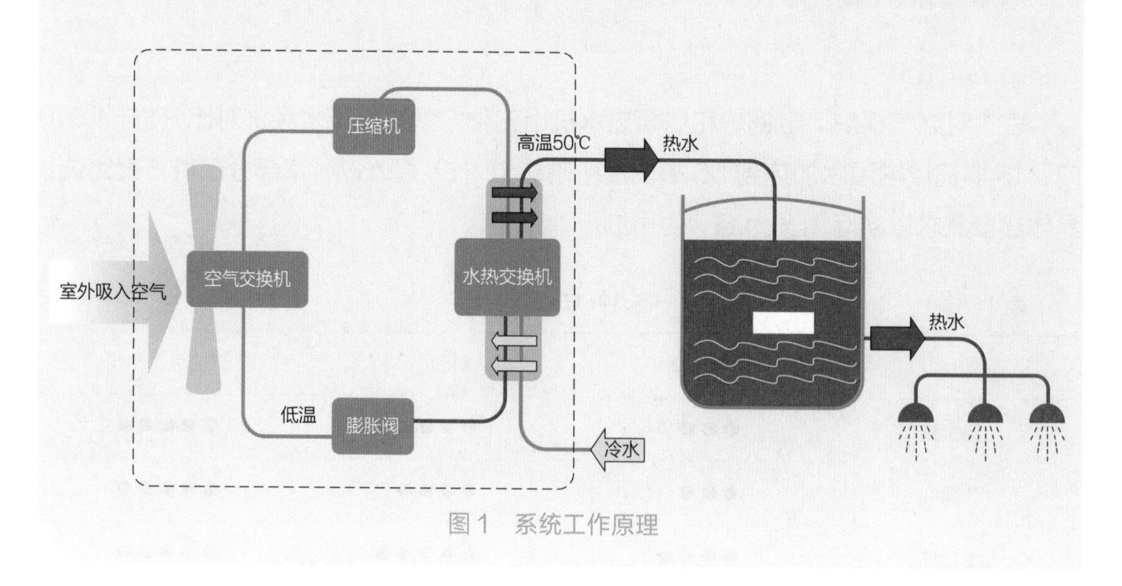

图 1　系统工作原理

三、项目实施及运营

1. 投资模式及项目建设

项目采用合同能源管理模式，由综合能源公司负责投资并运维空气源热泵热水系统。同时，综合能源公司承担相关线路和实施建设费用，以及改造涉及的装修相关费用。热泵热水机组系统的成本约为 20 万元，装修改造成本约 5 万元，总投入约 25 万元。

学校空气源热泵现场图如图 2、图 3 所示。

图 2　楼顶空气源热泵现场图

图 3　楼顶空气源热泵现场图

2. 项目实施流程

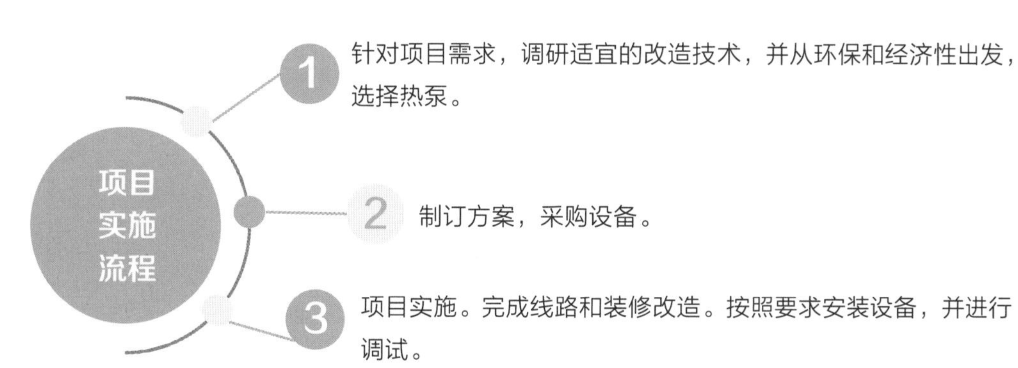

四、项目效益分析

1. 经济效益分析

项目投资方为综合能源公司，空气源热泵机组运行过程中每天供热水需消耗电能 20 千瓦时/吨，6 幢学生宿舍每日共需使用热水 10 吨，年用水量约为 3650 吨，年热水消耗电量约为 73 000 千瓦时。折合电费 4.073 4 万元，年运维费用 1 万元，年盈利为 4.05 万元，基于初始投资 25 万元计算，成本回收周期为 6.13 年。

2. 社会效益分析

1 绿色环保

装置运行无燃烧，无排烟，场地不需要堆放燃料废物。

2 安全稳定

系统在运行中无燃烧设备，不产生二氧化碳、一氧化碳、丙烷气体，不存在爆炸风险，在学校生活区使用安全性高。

五、推广建议

1. 经验总结

项目主要亮点

（1）创新商业模式，解决工程建设一次性投资高难题。以综合能源服务公司为主体，向学校用户提供“设备租赁+合同能源管理+智慧电务”的“一站式”综合能源服务，降低学校投资门槛，减轻学校运维顾虑，充分释放校园用电潜力。

（2）拓展延伸服务，开展校园“互联网+能源托管”服务。结合综合能源服务业务拓展，利用智慧能源服务平台等信息化手段，开展校园能源托管，实现同一区域多校用能智慧互联，实施校园用能精益化管理，实现多方共赢。

注意事项及完善建议

该模式较新颖，较受学校、医院等单位青睐，各地区综合能源公司可以借鉴。

2. 推广策略建议

热泵在以热水供应、供暖供冷为主的领域可广泛推广，如超市、商场、酒店、旅馆、影剧院、体育馆、学校、图书院、疗养院、度假村、游泳池、浴室等公共服务领域。

该模式已获得许多学校、酒店和医院客户的认可，国网浙江综合能源服务有限公司和各地市分公司应关注辖区所属学校、医院和商业相关规划，以及政府招投标采购网站，及时了解相关客户建设需求，可采用合同能源管理、直接购售等方式推广该技术，使其得到更广泛的应用，提高经济、环保效益。

案例 7
浙江省舟山市农场水源热泵供暖项目

一、项目基本情况

浙江省舟山市普陀区某农场，采用低压供电，主要用于农场管理人员生活用电，大棚基本无需用电。农场由 6 个普通大棚构成，以轻型钢管为骨架，覆盖塑料薄膜构成的拱圆形大棚。大棚温度低下时，用一台 0.7 兆瓦的燃煤锅炉进行供热，供暖面积 4800 平方米。由于时间长久，大棚内土壤次生盐渍化，“盐分积累”严重，一定程度上影响蔬菜品质和产量。大棚构架简单，且经常受大风大雨天气影响，因此极易损坏，散落的塑料薄膜还会造成一定的“白色污染”，同时沿海地区经常受台风侵袭，部分大棚发生过毁坏性倒塌，造成大棚内种植蔬菜颗粒无收。

二、技术方案

1. 方案比较

该项目旨在打造一个先进温控技术引领的清洁供暖示范基地，现做方案比选如下。

方案一：采用燃煤热水锅炉。仍旧以老的模式运行，以燃煤为动力，通过布置热水管道为大棚保温。根据大棚耗热量数据分析，系统运行单位面积的耗煤量为 9.85 千克/平方米，当地散装煤价为 0.9 元/千克，折算成费用为 8.865 元/平方米。以上可以看出，采用燃煤热水锅炉的前提是要均匀布置热水管道，使热能均匀发散，同时燃煤热水锅炉热能转换效率较低，增加了供热成本，在燃烧的过程中也产生了较多的环境污染物。

方案二：采用中央空调。外形美观，制冷、制热效果佳，速度快且温度控制精确，但是由于中央空调功率较大，耗电也多，对于如此大范围的温控，初步计算，费用达到 31 元/平方米。

方案三：采用热风炉。热风炉的类型一般可以分为燃煤热风炉、燃油热风炉以及燃气热风炉。与热水锅炉相比，热风炉启动时没有热媒介的损失，利用率更高，同时由于直接加热，加热速度也比较快，更具灵活性，加热大棚的温度也比较均匀。热风炉的加热温度一般在 40～120 摄氏度左右。若加热温度较高，热射流会呈自然上升趋势，这样会导致温室大棚下部加热不好。若送风温度过低，热风炉出口焓值较小，则需要布置更多的热风炉，或增大热风炉的送风风量。因此，热风炉出口送风温度的选择对温室大棚内部的温度分布影响是比较大的。和燃煤热水锅炉一样，热风炉的调节性能较差。

方案四：采用水源热泵机组。水源热泵机组是从自然界的水中获取低品位热，经过电力做功，输出可用的高品位热能的设备，水源热泵机组具有高效节能的特点：冬季，消耗 1 千瓦时电能得到 4 千瓦时左右的热能，其中 3 千瓦时的热能来自地下水；夏季，消耗 1 千瓦时的电能得到 5 千瓦时左右的冷量，能源利用效率为电加热器的 3～4 倍，比一般中央空调节能 40%～60%。它还具有绿色环保的特点：供热时可省去锅炉，无需燃烧燃料，避免了排烟污染大气，且不向室外排放热风，不会造成“热岛”效应，循环液在地下系统中密闭流动，不含有害物质，无任何污染。

经过上述 4 种设备比较，从经济性、可靠性、安全性、便捷性和减排效益分析，采用方案四水源热泵机组具有一定的优势，如图 1 所示。

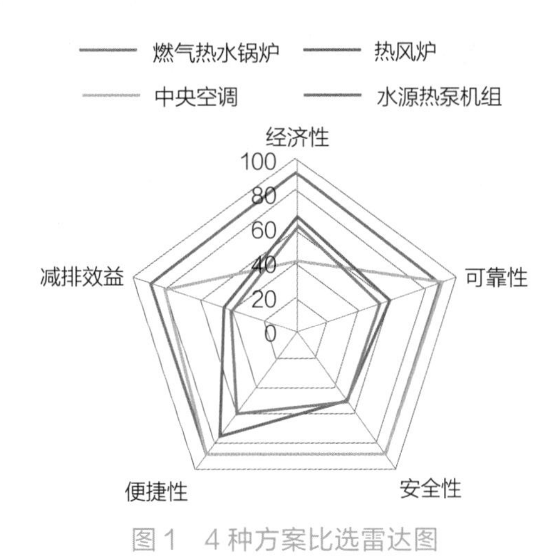

图 1　4 种方案比选雷达图

2. 方案简述

项目供暖面积 4800 平方米，选择功率 117.8 千瓦水源热泵机组来满足供热需求。

水源热泵机组只向水中排热或加热水来供暖，既不消耗水资源也不污染水质，所抽出的水将全部回灌。农场采用浅地下水，打深至地下 20 米处取水。

其技术原理和现场安装如图 2～图 4 所示。

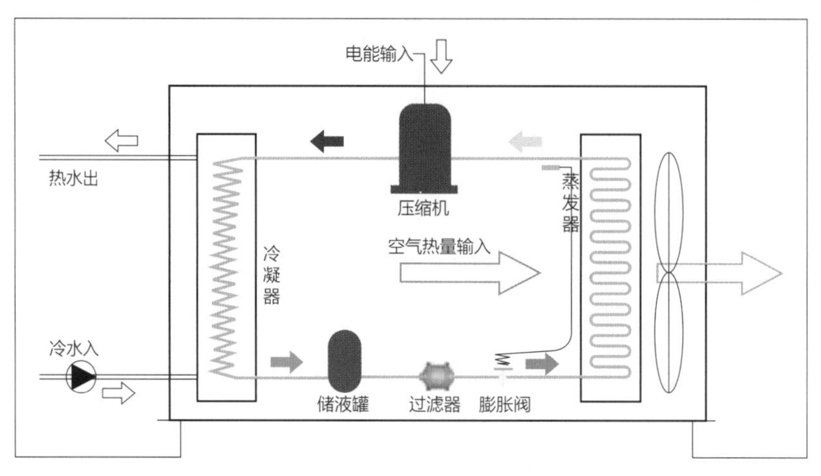

图 2　水源热泵技术原理图

图 3　水源热泵机组现场图

图 4　水源热泵机组出风口

三、项目实施及运营

1. 投资模式及项目建设

项目需新设立一座容量为 400 千伏安的配电室。项目地处空旷地带，周边无 10 千伏线路电源，距离最近的供电电源约 150 米。经与舟山市普陀区朱家尖管理委员会商榷，该 150 米左右电缆线路以及管线由电力公司延伸投资，配电室由朱家尖管理委员投资。项目实际运营主体为朱家尖管理委员会，自负盈亏。

2. 项目实施流程

主动对接

国网朱家尖供电所了解情况后，主动与朱家尖管理委员会对接，积极了解项目建设情况，多次参与朱家尖管理委员会农林部召开的项目建设协调会，对该项目建设有了充分的了解。

电能替代推广

在前期充分了解项目的基础上，国网朱家尖供电所积极参与项目用电规划，介绍电能替代设备，推荐节能用电设备，并对用电设备进行数据分析，包括设备优劣性、经济性、安全性、可靠性、环保性、一次性投资和投资回报收益等。根据调研情况及数据统计结果，制订合理的电能替代方案，为不同用电需求项目选择合适的电能替代设备，确定技术方案。

业扩配套投资延伸

农场示范基地距离最近的供电电源约 150 米，由于该项目为区政府重点农业项目，经与上级领导协商确定，按延伸电网投资界面的优质客户归属处理 [电缆进线以红线内客户变电站的间隔为分界点，分界点电源侧供电设施（含电缆终端头）由公司投资建设，分界点负荷侧受电设施由客户投资建设]，由电力公司延伸投资该 150 米左右电缆线路以及管线。

帮助客户侧用电规划

确定主要用电规划后，国网朱家尖供电所协助管理委员会统计用电设备负荷，建议安装变压器，帮助勘查配电室选址。同时，对于低压线路走向规划、线径选择、操作箱位置选择等，朱家尖供电所也一起出谋划策，对农场的用电建设起到了实质性的帮助，并大幅度缩减了时间。

服务“最后一公里”

在农场示范基地建设过程中，对于朱家尖管理委员会碰到的用电问题，朱家尖供电所工作人员不怕麻烦不怕累，客户一个电话就前去解决，服务无微不至，真正做到“你用电、我用心”。

四、项目效益分析

1. 经济效益分析

1 改造前

农场大棚占地 4800 平方米，根据之前供暖燃煤支出，系统运行每月的耗煤量为 9.85 千克/平方米，根据当地的煤价 900 元/吨，折算成费用为 8.865 元/平方米，则一个月的供暖费用为 42 552 元，全年按照 6 个月时间计算供暖，每年供暖费用为 255 312 元。

2 改造后

水源热泵机组供热，制热功率为 117.8 千瓦。由于热泵机组在前期制热消耗电能会比较多，等温度稳定之后，后期消耗会减少很多。同时，农场大棚采用 WSBRZ 双层玻璃，室内温度比室外一般高出 5～6 摄氏度，水源热泵机组一天按照 12 小时运作计算，则 6 个月消耗电能为 117.8×12×180=254 448（千瓦时），执行农业生产电价为 0.69 元/千瓦时，则总电费为 175 569 元，即每年供暖费用为 175 569 元。

2. 社会效益分析

1 节能减排的社会环保效益

由燃煤热水锅炉改造成水源热泵机组后，每年约减少排放二氧化氮 1.3 吨、硫化物 1.5 吨、二氧化碳 473 吨。项目大棚外壳改造为玻璃面板后，杜绝了塑料薄膜的“白色污染”。项目的完成有助于朱家尖现代农业秉持经济效益和社会效益并重，利益与环保并重，走绿色、生态、环保、节能和无污染之路。

2 企业转型升级、提质增效

现代农业示范基地的建设，起到生产技术、生产方式、经营模式、消费方式和直接参与等方面的示范样板基地的作用，带动舟山市农村运用高新生物技术走高产、优质、高效、低耗和无污染的生态路子，实现该地区从农业资源型开发向农业科技型开发转变，达到生态效益、经济效益和社会效益的有机统一。

3 生产、生活品质提升效益

燃煤热水锅炉的改造，大大减小了设备的占地面积，有效地解决了传统燃煤锅炉的脏、乱、差、管理不便和安全性差等问题。同时，在示范基地开展观光旅游，为游客提供了一个更加清新、贴近自然的环境。

4 产业发展、技术标准等效益

立足海岛特色，以该项目为模板，利用现代农业生产经营实体，示范带动一批农民走上现代化的高产、高质、高效的农业现代化道路，促进朱家尖当地的农业产业化水平的提高和产业结构的优化升级。

5 安全效益

燃煤加热产生的烟尘未经处理直接排放，严重影响了周边居民的正常生活环境，2017 年年初，普陀区环保部门已发整改通知书全面淘汰燃煤加热设备，禁止采用燃煤的方式进行生产。采用电驱动供热设备，可以减少燃煤的明火风险，有效地改善工人的工作环境，降低现场作业安全风险。

五、推广建议

1. 经验总结

项目主要亮点

该项目的实施紧紧抓住了当地农业产业结构的优化升级、建立农业示范基地、推动农业农村可持续发展这一契机，朱家尖供电公司与朱家尖管理委员会对接，积极参与项目用电规划，并提供电能替代方案，帮助用户了解方案的节能比较、后期运行成本以及前期成本回收周期。另外，在业扩配套设施出资中，供电公司延伸投资的 200 米接入电缆和管道土地工程，对朱家尖管理委员会很具吸引力，这对于以后的电能替代的工作开展具有极大的推广借鉴价值。

注意事项及完善建议

注重前期查勘，重点了解项目改造内容，尤其是电力项目系统改造，提出合理化电能替代建议，对用户来说最重要的是经济性和设备生产的长期可持续性。

政府环保部门重视节能减排，电能替代改造成为用户优先考虑方案，开展电能替代要从用户的角度去理解考虑，用最低的成本完成电能替代改造并实现经济运行，尽量解决用户一次性投入门槛高的问题。

2. 推广策略建议

（1）推广的适用条件：全电农场作为一个新兴的概念，给我们带来一个全新的电能替代突破口，对于以旅游业和渔业为主、农业产值微乎其微的朱家尖岛而言，电力助推农业的发展是非常好的一个突破口，既克服了传统农业生产目标单一、生产技术落后和低投入低产出的弊端，又弥补了其他能源带来的环境恶化和生态系统破坏的缺陷，实现了生态、环境、经济和社会等效益的统一，使农业走上良性循环的持续发展道路。该农场将带动蔬菜产业集团种植模式的全面革新，以点带面，逐步改造，逐步覆盖，带动整个舟山市蔬菜模式的上档升级。在此背景推动下，为接下来综合能源服务工作的全面开展打下良好基础，因而全电农场的改造具有很广阔的前景。

（2）推广目标客户：蔬菜种植基地、瓜果种植基地、普通大棚用户等。

（3）推广策略建议：建议综合能源服务公司全方面多角度地收集相关电能替代典型案例，设置相关替代模型和成本计算公式，有条件的可以建立替代展示区，在参与用户改造方案时，能够及时给出直观的、令用户信服的相关数据，来替代口头或者文字的说服，使电能替代改造更加顺利。加大与品牌厂商的合作，比选高品质、低成本的电能替代设备，使用户能购买到更加合适、更加放心的产品。

案例 8
吉林省吉林市污水源热泵项目

一、项目基本情况

吉林市某办公楼建筑面积 10 万平方米，原采用燃煤锅炉供暖，项目附近有一家污水厂。

二、技术方案

1. 方案选择

污水源热泵机组是污水资源利用的一种方式，主要利用城市污水冬暖夏凉的特点，在冬季通过热泵装置提取污水中所蕴含的热能资源，连同所消耗的能量一起传递给建筑物，达到供热的目的；同样，夏季利用污水源热泵机组也可以从高温的环境中吸热，并把热量释放到污水中，达到制冷的效果。

与其他热源相比，污水源热泵系统的技术关键和难点在于防堵塞、防污染与防腐蚀。污水源热泵机组应用到直接式污水热泵系统中，能够实现污水的直接利用，提高了污水源热量的利用率。污水侧换热器采用海军铜，解决了污水对热泵机组的污染和腐蚀问题。

由于厂区附近有污水处理厂的存在，故项目选用污水源热泵。

项目现场图如图 1、图 2 所示。

图 1　现场图 1

图 2　现场图 2

2. 方案简述

（1）技术原理

技术原理如图 3 所示，制冷剂在蒸发器内吸收污水热量，蒸发后被吸入压缩机，压缩成高温、高压的过热蒸汽进入冷凝器，加热循环水，制取热水。

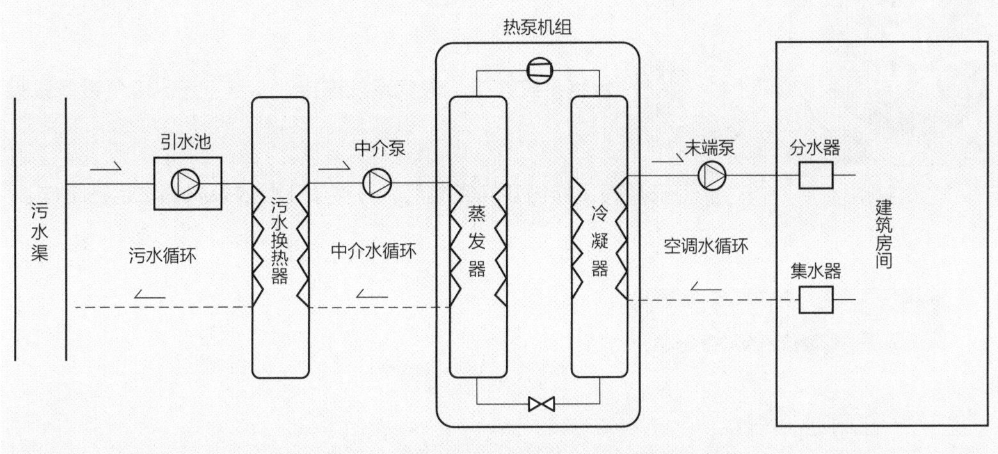

图 3　污水源热泵直进式系统示意图

（2）主要技术参数

项目建筑面积 10 万平方米，设备选用污水源热泵 10 台，容量 432 千瓦；排污泵 10 台，容量 45 千瓦；循环泵 2 台，容量 132 千瓦；取水泵 2 台，容量 37 千瓦；补水加压泵 2 台，容量 90 千瓦。新建 2 台 2500 千伏安变压器、1 台 1250 千伏安变压器、1 台 200 千伏安变压器。

三、项目实施及运营

1. 投资模式及项目建设

用户自主全资投资，用于项目设备、材料采购费用和安装费用。项目总投资 437.75 万元，其中项目本体投资 257.75 万元，配套供电系统建设投资 180 万元。

2. 项目实施流程

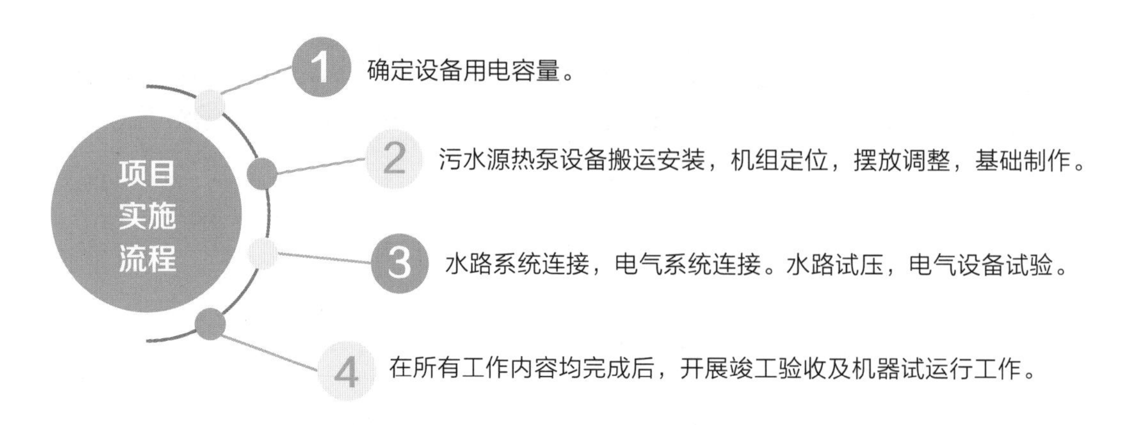

四、项目效益分析

1. 经济效益分析

该项目为冬季供暖共计配置 10 台 432 千瓦污水源热泵机组，每台机组价格约 25.7 万元，则总投资为 257.75 万元。污水源热泵供暖实际运行时间为 5~7 小时，以 6 小时计，按冬季供暖期为每年 11 月 15 日至 3 月 15 日计，共计 120 天。则公司冬季总用电量约为 4320 千瓦×6 小时/天×120 天=3 110 400 千瓦时≈311 万千瓦时，每年供暖运行费用为 3 110 400 千瓦时×0.532 4 元/千瓦时=1 655 977 元≈165.6 万元。

项目投资回收期 5 年，项目年收益 65 万元，比原来运营年节省成本约 15 万元。

2. 社会效益分析

该项目不仅会节约大量经济成本，还会带来良好的社会效益，年用电量 311 万千瓦时，年耗煤量减少 122 吨，并减排二氧化碳 317.2 吨、二氧化硫 1 吨、氮氧化物 0.9 吨。

五、推广建议

1. 经验总结

项目主要亮点

污水源热泵机组效率高，节省运行成本。污水源热泵机组与原生污水源热泵机组在实现污水与原生污水的直接利用的同时，与污水智能防阻机相结合组成直接式污水源热泵系统。与间接式污水源热泵系统相比，直接式污水源热泵系统运行费用降低 10%左右，初投资减少 15%左右，占地面积减少 30%左右。与空气源热泵及其他传统空调方式比较，污水源热泵的效率大约高 30%～40%。冬季，城市污水的温度远高于室外温度，污水源热泵用于供热时的能效比（COP）可高达 5，远高于普通风冷空调。

注意事项及完善建议

采暖房间应具备合理的保温措施，减少室内热量的散失，有效控制采暖系统运行的成本。

污水源热泵使用时注意污水水质，采用物化处理、生化处理方式，去除污水杂质，降低污水腐蚀性。

注意污水水温保障。城市污水冬暖夏凉，常年温度稳定，利于污水源热泵运行。

注意污水换热问题。污水中含有大量油性污物，设置自动反清洗装置，在换热器运行期间定时冲洗换热器，保证换热效率。

2. 推广策略建议

（1）能源（包括电能、煤油、燃气等）的价格较高，且该区域有丰富的污水能源。当不同能源间的比价合理或者能源紧张时，污水源热泵机组技术就有较好的发展大环境。

（2）出于对环境保护的考虑，当其他制热方式（如燃煤制取热能）有严格限制时，原生污水源热泵技术就具有更大的应用空间。

（3）热泵技术比其他简单加热方式具有更强的综合竞争优势。

（4）利用相关领域的先进技术，拓展原生污水源热泵的低温热源，也是促进热泵技术应用和发展的重要因素。

案例 9
吉林省汪清县酒店空气源热泵供能项目

一、项目基本情况

吉林省延边朝鲜族自治州某商务酒店是一家集休闲、洗浴、住宿、餐饮于一体的综合商务酒店，建筑面积 8000 平方米。改造前，利用 1 台燃煤锅炉，供应洗浴区域洗澡热水，同时安装中央空调为室内制冷。改造后，采用空气源热泵技术对建筑物内供暖、制冷及洗浴热水提供一体化服务，现场图如图 1、图 2 所示。

图 1　现场图 1

图 2　现场图 2

全国连续雾霾天气、空气质量不达标等事件，直接影响延边朝鲜族自治州居民的生活环境。汪清县政府、环保局对 10 吨/小时及以下的燃煤小锅炉下达整改要求，为“煤改电”工作创造了有利的政策保障。客户在参观国网吉林省电力有限公司延边供电公司电能替代展厅时有意选择电能替代设备，经过公司、厂家代表、用户三方沟通，最终确定选择空气源热泵作为燃煤锅炉替代，并对现有供热、供水系统进行施工改造。

二、技术方案

1. 方案比较

根据用户的实际需求，以满足制热、制冷需求为前提，考虑地下水源热泵和空气源热泵两种技术，其优缺点如表 1 所示。

表 1　地下源热泵和空气源热泵优缺点

技术种类	优点	缺点
地下水源热泵	制冷、制热条件一样，不受外界温度影响，技术成熟	受地下水源影响，在干旱、缺水地区不适用
空气源热泵	不受传输介质限制，有空气的地方就可使用	北方地区气温低于-25 摄氏度时，设备供热受影响

根据客户想实现供暖、制冷、热水一体化的实际需求，且吉林省现有电价政策不允许 10 千伏电压等级用户执行定比电价，客户最终选择更为先进、不受地理条件限制的空气源热泵设备。

2. 实施方案简介

项目建筑面积 8000 平方米，需要改造用户原有配电设备，新安装 315 千伏安变压器 1 台、空气源热泵（热水）机组 5 台、低温空气源热泵（冷水）机组 5 个，新建 0.8 立方米蓄热水箱 1 个。

空气源热泵机组利用空气能源做热源，为用户提供 45～50 摄氏度的热水及 7～15 摄氏度的冷水，是替代锅炉供暖、提供生活热水及制冷的理想绿色环保型综合能源设备，其工作原理如图 3 所示。

由于客户有三个方面要求：① 制造热水；② 提供汗蒸、休息区域的供暖；③ 休息区域的夏季制冷。因此汪清县某商务酒店对空气源热泵机组的具体方案如下：

（1）热水：配置热水机专供满足洗浴热水需求，热水温度为 50 摄氏度。

（2）供暖：采用超低温空气源热泵连接地暖系统全天候供暖，出水温度 50 摄氏度，回水温度 35 摄氏度。

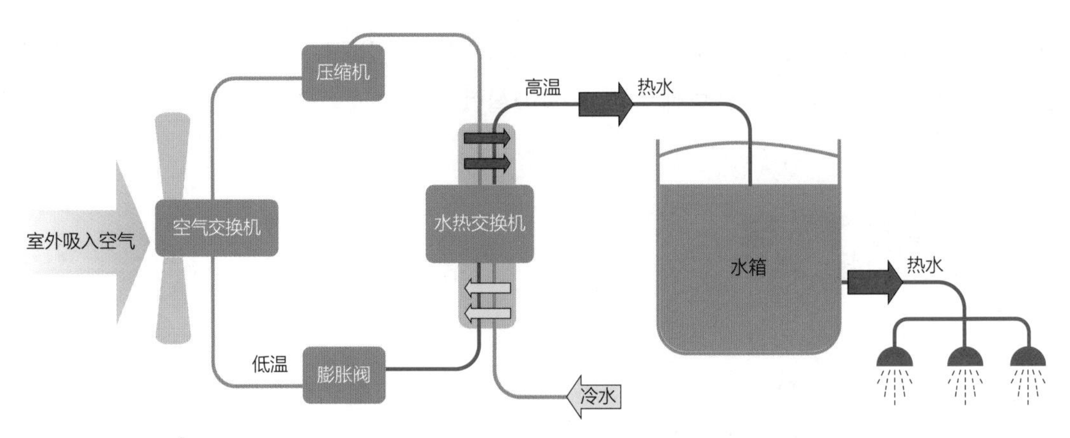

图 3　空气源热泵机组工作原理

（3）制冷：连接中央风盘系统，空气源热泵机组转换成制冷模式，出水温度 10 摄氏度，回水温度 20 摄氏度。

三、项目实施及运营

1. 投资模式及项目建设

项目由该酒店全额投资，空气源设备及水箱改造施工共计 80 万元。新增一台 315 千伏安专用变压器，施工周期为 50 天。

2. 项目实施流程

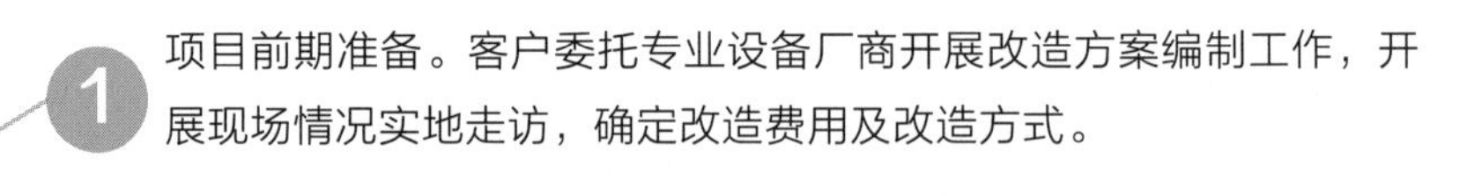

1. 项目前期准备。客户委托专业设备厂商开展改造方案编制工作，开展现场情况实地走访，确定改造费用及改造方式。
2. 项目实施。由施工单位开展水暖管道改造、设备厂房改造、安装空气源热泵等项目施工工作。
3. 调试运行。设备安装后，由设备厂家同项目业主单位开展联合调试，设置相关运行参数，正式投入运行。

四、项目效益分析

1. 经济效益分析

改造前，每年供热费为 27 万元，人工成本 6 万元，烧制热水花费 10 万元，每年总计为 43 万元。改造后，空气源热泵改造项目投资 80 万元，配套电网改造投资 2 万元，运行两年半即可收回投入成本。

2. 社会效益分析

1 环保、适用

空气源热泵供暖机组采用的冷媒是 R410a，此冷媒二氧化碳排放量为 0，对空气无污染，对大气臭氧层无任何破坏，是绿色环保的新型空气源热泵。空气源热泵系统的驱动采用电能，充分吸收空气中的热能，最大化地利用可再生能源。

2 高效、经济、节能

空气源热泵供暖机组充分吸收空气中的潜能，输出 1 千瓦的电能可产生 3~5 千瓦的电能效，能效比（EER）可达 5。冬季-20 摄氏度时，输出 1 千瓦的电能仍可产生 1.75 千瓦的电能效。

3 运行安全可靠

空气源热泵吸收空气中的低品位热能，一年四季运行稳定，设备具有强弱电的漏电保护、高低压保护、防静电保护，以及故障自查及报警系统。

五、推广建议

1. 经验总结

项目主要亮点

项目积极采用先进空气源热泵技术，技术成熟、适用、可靠；采用国内先进的设备，保证供热、制冷，以及热水的温度质量；设备能耗低，节能效果显著。

注意事项及完善建议

根据不同地区气候情况，考虑当地极寒天气的实际情况进行项目可行性研究编制。对于供暖、热水混用设备，执行电能替代管理有关规定，不能全部执行电采暖优惠电价标准。

2. 推广策略建议

北方地区洗浴、宾馆通常为同一运营主体，同时拥有供暖和热水供应的需求，可以充分发挥热泵在制冷、制热和供应热水方面的优势，集中推广。

案例 10 河北省保定市高校 10 千伏蓄热式电锅炉采暖项目

一、项目基本情况

河北某大学位于保定市区，改造项目涉及保定东、西两校区和家属住宅区。改造前，冬季采暖以煤炭为主，采用 10 台共计 88 吨/小时（约 61.6 兆瓦）燃煤锅炉，年消耗标准煤达 1.23 万吨，每年排放二氧化碳等污染物 3.2 万吨，严重影响空气质量和师生学习环境。改造后，建设锅炉房，购置并安装高压电极热水锅炉 6 台及配套设施，总装机容量 7.2 万千瓦，年替代电量 7.3×10^7 千瓦时。在推进过程中，带动了当地多个大型建筑使用蓄热式电锅炉供暖技术，起到了良好的示范作用。

二、技术方案

1. 方案比较

方案一：蓄热式电锅炉。优点：利用优惠低谷电价，夜间低谷时段运行，削峰填谷，节约电能。在供暖的同时，也可以提供热水。缺点：采购成本较高。

方案二：天然气。优点：清洁环保，污染较小。缺点：近几年天然气供应量总体不足，“气荒”现象时有发生。天然气成本已超过 40 元/平方米，亏损供热难以维持。

方案三：中央空调。优点：外形美观，舒适度高，温度与时间可调节，适用于面积较大的低密度住宅与别墅。缺点：前期投入大且运行费用较高，耗电量大。

综上所述，选择方案一蓄热式电锅炉。

2. 方案简述

该改造项目涉及河北某大学的东、西两校区和家属住宅区，总供暖建筑面积 99.6 万平方米，其中西校区教学楼、学生宿舍供暖面积为 50 万平方米，东校区教学楼、学生宿舍供暖面积为 46 万平方米，家属住宅供暖面积为 3.6 万平方米。供暖时间 4 个月。

(1) 东校区方案

用能需求：东校区供暖面积为 46 万平方米，采暖热指标 40 瓦/平方米，实际供暖天数为 120 天，热负荷为 16 560 千瓦。

供暖方案：配置 3 台 10 千伏高压电极热水锅炉、15 台蓄热罐（见图 1）。其中每台高压电极热水锅炉功率 12 兆瓦，热效率 99.6%，最高工作温度 130 摄氏度，最高工作压力 0.6 兆帕，负荷调节范围 5%～100%；每台蓄热罐容积 4233 立方米，额定工作压力 0.6 兆帕，额定工作温度 120 摄氏度，最低放热温度 50 摄氏度。

图 1　蓄热罐现场图

（2）家属住宅方案

用能需求：家属住宅供暖面积为 3.6 万平方米，供暖天数 120 天，热负荷为 3096 千瓦。

供暖方案：配置 1 台 380 伏电热水锅炉和 2 台蓄热水箱。其中电热水锅炉的电功率 1000 千瓦，负荷调节范围 0%～100%，热效率 99.6%，最高出水温度 90 摄氏度，最低回水温度 50 摄氏度，循环水量 60 立方米/小时。蓄热水箱容积 140 立方米，常压工作，蓄热温度 90 摄氏度。

（3）西校区方案

用能需求：西校区供暖面积为 50 万平方米，采暖热指标 40 瓦/平方米，冬季室内设计温度（18±2）摄氏度，冬季室外最低日平均温度-16.6 摄氏度，实际供暖天数为 120 天，热负荷为 18 000 千瓦。

供暖方案：配置 3 台 10 千伏高压电极热水锅炉和 16 台蓄热罐。其中每台高压电极热水锅炉功率 12 兆瓦，热效率 99.6%，最高工作温度 130 摄氏度，最高工作压力 0.6 兆帕，负荷调节范围 5%～100%；每台蓄热罐容积 4233 立方米，额定工作压力 0.6 兆帕，额定工作温度 120 摄氏度，最低放热温度 50 摄氏度。

蓄热罐储水温度为 110 摄氏度，所蓄热能可满足白天 12 小时供热（极冷天气需补热），出水温度根据气温变化可在 40～60 摄氏度自动调节。

白天二次侧蓄热泵停运，仅运行二次侧放热泵，带动水流经二次侧板式换热器，把热量置换到三次侧内部管网。

该项目采用瑞典蓄热式电锅炉，利用 10 千伏电极加热技术，将钠离子水作为电阻，锅炉内 A、B、C 三相与中性点之间产生电流，再用水作为导体提供加热。

伺服电机控制电极浸没面积，精准调节热功率输出，能量转化效率高达99.6%；锅炉启动功率成线性，对电网冲击性小，系统安全稳定；10 千伏高电压接入，配网投资少。

三、项目实施及运营

1. 投资模式及项目建设

该项目用户外部供电线路由公司投资 1127 万元，内部工程由该大学引入社会资本投资建设。建设总投资为 8655 万元，其中建设投资 8261 万元，流动资金 324 万元，建设期利息 70 万元。总供暖建筑面积为 99.6 万平方米，项目单位供暖面积投资 84.7 元；实际投资 6783 万元，单位供暖面积投资为 68.1 元。

该大学与某新能源公司采用 BOT 模式合作建设，解决资金筹措难题，以支付采暖费的形式结算费用，合同期 30 年，合同期内产权归该新能源公司并由其负责运营维护。

2. 项目实施流程

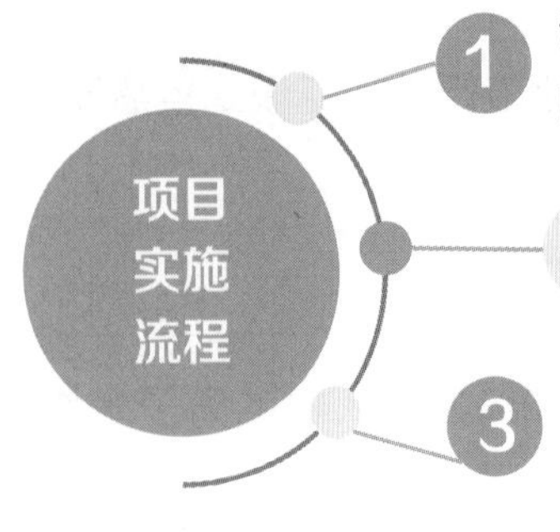

1. 河北某大学响应政府大气污染治理的号召，进行市场调研与技术比对。
2. 以公开招标的形式确定改造厂家，明确合作运营模式。
3. 由某新能源公司负责整体项目实施，国网河北省电力有限公司保定供电公司配合进行配套电网改造。

四、项目效益分析

1. 经济效益分析

供暖面积 99.6 万平方米，用电设备容量 7.2 万千伏安，年替代电量 7300 万千瓦时，每个采暖季减少散煤燃烧约 1.3 万吨，年电费收入约 3300 万元。综合考虑项目投资、执行低谷电价（0.28 元/千瓦时）等因素，测算静态回收期为 10 年，使用户的运行成本更为经济。政府出台补贴文件，拆除燃煤锅炉并新建电锅炉，每蒸吨补贴 13 万元。项目共新建电锅炉 103 蒸吨，获得 1339 万元补贴。

2. 社会效益分析

1 由燃煤锅炉改为蓄热式电锅炉供暖

“煤改电”完全符合国家节能环保政策和河北地区推广利用谷电的政策导向。项目从技术角度、能源服务、投资托管等角度均响应了教育部要求高校“勤俭节约办教育，建设节约型校园”的号召，按照“节能、环保、节支”三者统一的科学要求，节能减排并节省经费开支，符合国家对绿色建筑的节能减排要求，具有良好的社会示范意义，树立了河北某大学绿色清洁的社会形象。

2 供电公司、客户双方互利，政府、供电公司、客户多方共赢

项目建成后，1000 多平方米的煤渣场被 14 座高大的蓄热罐代替，校园环境干净整洁；锅炉由建设方负责运营，校方工作人员由使用燃煤锅炉时的几十名减少到了现在的七、八名，大大降低了人工成本；采用智能自动化控制系统，高效节能；使用夜间低谷用电，降低用户运行成本，减轻高峰期电网供电压力。高压电极热水锅炉总装机容量 7.2 万千瓦，年替代电量 7.3×10^7 千瓦时，每个采暖季减少散煤燃烧约 1.23 万吨，每年可减少排放二氧化碳等污染物 3.1 万吨。政府、供电公司、用户多方共赢。

五、推广建议

1. 经验总结

项目主要亮点

该项目是燃煤锅炉改造，不需要变更采暖设备、管道等原有用户侧工程。充分利用峰谷电价，节约运行费用，因地制宜，以电为清洁能源，合理开发并有效利用资源，可以获得很好的经济和环保特性。

注意事项及完善建议

该项目的经济性影响因素主要包括投资额、营业收入、总成本。由于项目拟以固定费用委托建设的方式进行，投资额已基本固定，采暖费用由政府统一规定，能源生产成本占总成本的大部分，因此要对能源生产成本（即运行电费）的变动做敏感性分析。

能源成本对项目的经济指标影响明显，当电力成本增加幅度大于 11%时，资本金内部收益率小于 10%。运营中应加强对运行的管理，以及对运行策略的优化。

2. 推广策略建议

（1）该项目属于长期投资项目，回收期略长（约 12 年），目标用户市场定位于经营稳定、长期经营的项目，例如学校、医院等，回收期风险较小。

（2）采暖季使用情况良好，用户满意率高。继河北某大学项目后，在推进过程中，带动了当地多个大型建筑使用蓄热式电锅炉供暖技术，起到了良好的示范作用，适宜在北方集中供热领域大范围推广。

案例 11
河北省张家口市酒店蓄热式电锅炉供暖项目（冀北）

一、项目基本情况

张家口崇礼区某酒店位于崇礼主城区，为崇礼区地标性建筑。该项目采用蓄热式电锅炉技术，为度假酒店、养生酒店、综合办公楼以及商街三建筑组团共四个相邻的建筑部分供暖，供暖面积总计约 13.81 万平方米。

二、技术方案

1. 方案比较

方案一：中央空调。优点：外形美观，舒适度高，温度与时间可调节，适用于面积较大的低密度住宅与别墅。缺点：前期投入大且运行费用较高，耗电量大。

方案二：蓄热式电锅炉。优点：运行方式灵活，利用峰、谷电价差调整蓄热时间，节约能源，运行成本低。缺点：电锅炉要求用户预留充足的变压器负荷，可能会面临变压器增容的问题。

由于用户属于新建用户，运行成本是用户更关注的问题，因此选择方案二。

2. 方案简述

用能需求：该项目属于新建项目，供暖区域包含度假酒店、养生酒店、综合办公楼以及商街三建筑组团共四个相邻的建筑部分，供暖平面建筑面积总计约 13.81 万平方米，供暖时长 6 个月。

供暖方案：该项目供暖对象为公共建筑。采用 2 台 10 兆瓦的 10 千伏高压电极锅炉、4500 立方米常压水蓄热罐的热源方案，现场图如图 1 所示。该类型锅炉运行稳定度高，使用寿命长，并且水蓄热技术较成熟。

图 1　10 兆瓦高压电极锅炉现场图

三、项目实施及运营

1. 投资模式及项目建设

项目采用合同能源管理模式，具体为某能源公司与业主签订能源费用托管型合同，能源公司承担合作范围内热源站及换热站设备设施的投资建设及项目的冬季供热运营。项目合作期 20 年，静态投资额 2150 万元。

2. 项目实施流程

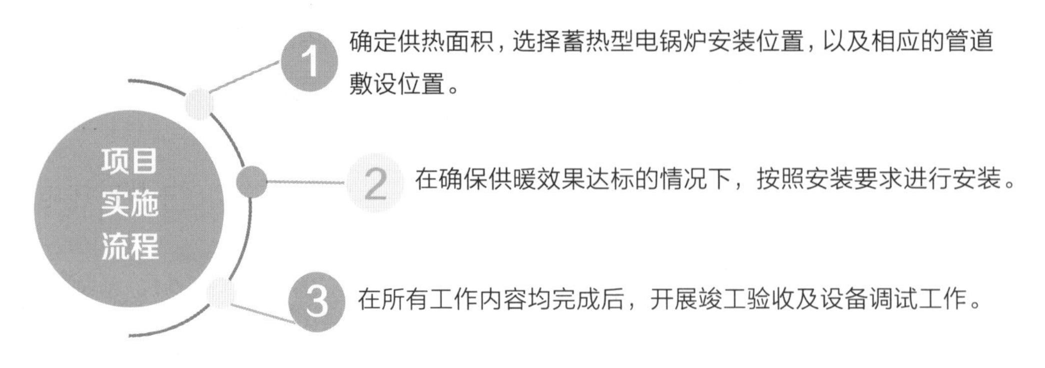

四、项目效益分析

1. 经济效益分析

项目收益主要来自两方面：一是管网配套建设费；二是年度能源托管费（即供热供暖费）。业主方每采暖季需缴纳约 721 万元能源托管费。项目内部收益率约 9.5%，静态回收期约 10 年。

2. 社会效益分析

项目利用低谷电能进行集中供暖，不仅清洁环保，且符合降低能耗的要求。项目年替代电量 2000 万千瓦时，相当于替代标准煤 50 010 吨，与燃煤供暖方式能耗高、污染重、热损大等形成鲜明对比；同时提高了夜间低谷电的利用率，对电网平衡起到了削峰填谷的作用；也无需城市外网的敷设，减少了城市道路的损坏。蓄热式电锅炉技术是保障采暖和保护大气环境的有效发展途径。

五、推广建议

1. 经验总结

为确保工程质量和进度，项目按 EPC 模式进行公开招标，同时选定专业的暖通、机电监理公司，对该项目的质量、安全、进度、调试试运等进行全流程管控。能源公司通过现场安全抽查、消防专项检查、现场督查等工作方式，确保项目高质量、高标准顺利投产。

2. 推广策略建议

集中电蓄热供暖类项目可在低谷电价偏低、采暖收费标准较高及配套电力设施建设较好的地区进行推广应用，但该类项目存在收益率较低、合同期及回收期较长等风险，推广应用的主要场景有商场、办公楼、宾馆、医院、工业开发区等。

案例 12
江苏省南京市酒店电蓄热蓄冷项目

一、项目基本情况

南京市溧水区某酒店，主要经营桑拿洗浴、温泉、游泳、客房、餐饮等。酒店所使用变压器容量为 2800 千伏安，过渡季和冬季室外温度 10 摄氏度以上时，以楼顶 3 台空气源热泵为主，使用天然气锅炉补热；气温低于 10 摄氏度时，主要靠天然气锅炉供暖（供暖面积约为 0.8 万平方米）以及制取热水。每年天然气用量为 28 万立方米，天然气价格为 4.3 元/立方米，由于价格较高，且供气量和工期价格存在较大波动，后期运行成本较大。针对酒店用能需求和当前困境，国网江苏省电力有限公司南京市溧水区供电分公司（以下简称“国网溧水供电公司”），配置了蓄热式电锅炉供暖及热水辅热，成功地进行了酒店电气化改造。

二、技术方案

1. 方案比较

以某酒店采暖和生活热水方案为例，从方案投资、运行成本、安全性能、维护成本等方面对不同方案进行比对和分析，见表 1。

表 1　　方 案 比 较

比对方面	方案一	方案二
类型	天然气锅炉供暖、中央空调制冷 空气源热泵提供生活热水	电蓄热锅炉供暖及热水辅热 夏季利用闲置蓄热水箱配合中央空调蓄冷
年运行费用	约 60 万元（用户提供：制冷 20 万元、采暖及热水 40 万元）	节省 14.7 万元
安全指数	●●●○○ 设备较分散，不便于排查	●●●●● 高压电蓄热锅炉为非承压锅炉

续表

比对方面	方案一	方案二
环保指数	●●●●○ 较燃煤清洁，主要排放二氧化碳、水蒸气、氮气，以及少量一氧化碳、甲烷	●●●●● 使用过程中无任何废气排放，管道每年有极少量循环水排放
运维指数	●●○○○ 需安排专人运维	●●●●● 全自动运行，每天巡视即可，工作量极少，设备每年集中检修一次，后期可实现全自动化无人值守运行
运行效率	●●●○○ 相对较低，无法及时调整运行参数	●●●●● 可分区、分时控制，系统参数调整便捷
系统稳定性	●●●○○ 系统稳定性较差，设备数量、种类较多，容易发生故障	●●●●● 系统稳定性高，设备集中布置，主设备不易发生故障
主机全周期	天然气锅炉 15 年； 空气源热泵 10 年	电蓄热锅炉 15 年
最终采纳方案		√

2. 方案简述

该酒店生活热水以及空调蓄能项目是在酒店原技术的基础上，新建设 2 台电锅炉为酒店供暖及生活热水提供热源，项目总金额约 29 万元，项目采用“电蓄热锅炉供暖及热水辅热、夏季利用闲置蓄热水箱配合中央空调蓄冷”方案。

（1）用能需求

供热水需求：酒店每天热水需求 50 吨，蓄热热水量为 25 吨，水温要求 65 摄氏度。

供暖需求：供暖面积 0.8 万平方米，热负荷 60 瓦/平方米，冷负荷 110 瓦/平方米，供暖天数 120 天，制冷天数 150 天。

（2）供热方案

酒店采用边蓄边供方式供给热水，每天需蓄热的总量为 5.23×10^{9} 焦耳，采用低谷电 8 小时，则电锅炉功率约为 180 千瓦。最终供热方案为 150 千瓦蓄热式电锅炉配合原有 25 吨恒温水箱蓄热。

酒店蓄热供热系统沐浴流程图如图 1 所示。

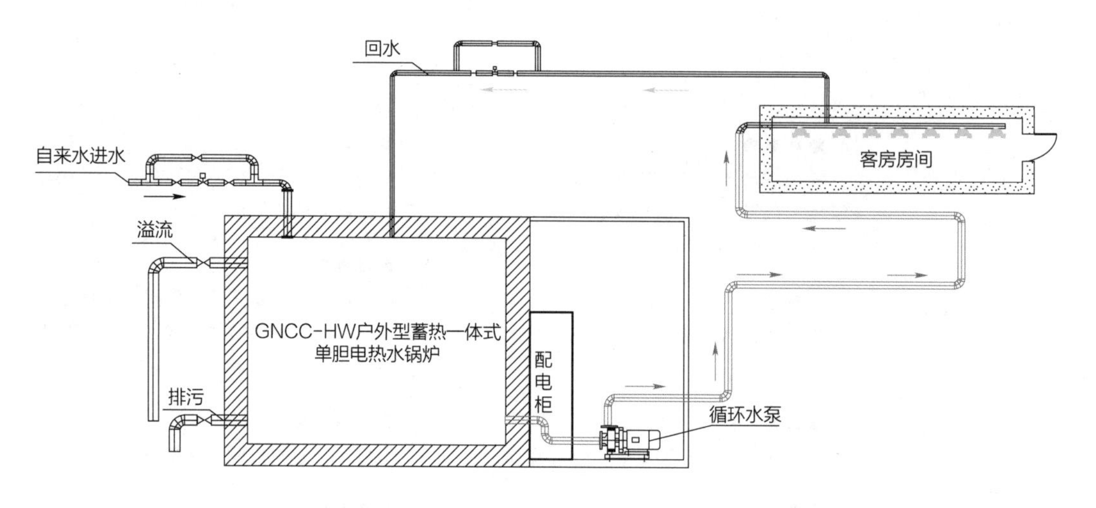

图 1　户外型蓄热一体式单胆电热水锅炉沐浴流程图

（3）供暖方案

酒店采暖总热负荷每小时 270 千瓦，本次方案设计部分替代，采用一台 150 千瓦、15 立方米蓄热式电锅炉冬季供暖、夏季蓄冷。蓄热装置采用上、下两层冷、热水分层技术，保证冷、热水不相混合，其系统流程图如图 2 所示，现场如图 3 所示。

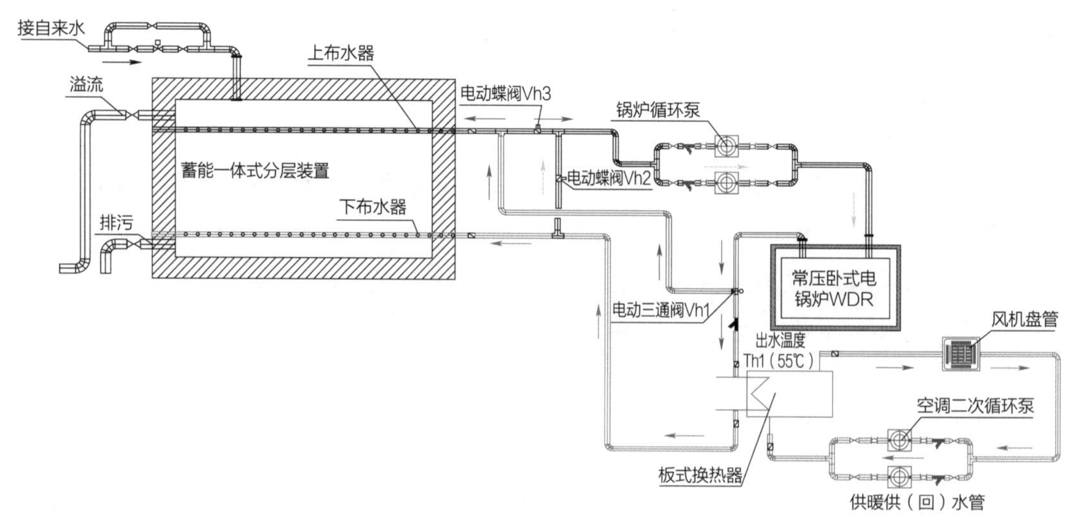

图 2　系统流程图

图 3　电蓄热锅炉现场照片

三、项目实施及运营

1. 投资模式及项目建设

该项目由江苏某科技有限公司投资、南京某建设有限公司实施，项目总投资约 29 万元，包括设备购置成本（两台 150 千瓦电锅炉 15 万元，15 立方米蓄能水箱 6 万元）、改造成本（7 万元）与运行成本（1 万元）。项目整体采用合同能源管理的模式，投资公司进行设备投资及系统改造，投资公司可为乙方，业主按约定时间及合同分享比例将每年总节省费用支付给投资公司。项目建成后，建设单位整体移交给酒店使用，并由江苏某科技有限公司进行运营及维护。

2. 项目实施流程

项目实施流程

1 市场调研。在解决用户高昂的天然气费用的同时，针对酒店需求和意愿，进行对接。

2 制订方案。比较改造前和改造后的运行成本，结合酒店实际，从环保性、经济性、节能性多方面分析，选用蓄热式电锅炉设备。

3 项目实施。按照方案要求进行系统改造和设备安装。

4 投入运行。安装工作完成后，组织竣工验收，并开展调试，投入运行。

四、项目效益分析

1. 经济效益分析

酒店在供生活热水方面，采用低谷 8 小时进行蓄热，低谷电价 0.34 元，则电锅炉运行费用为 504 元/天，比天然气锅炉节省 277 元，以每年平均 90 天全部靠锅炉生产热水计算，全年约节省 2.5 万元。在冬季供暖期间，蓄热电锅炉运行费用为 367 元/天，比天然气锅炉节省 258 元，以每年平均 120 天全部靠锅炉供暖计算，全年约节省 3.1 万元。

2. 社会效益分析

与燃气锅炉相比，蓄热式电锅炉可产生良好的节能减排效益。经测算，酒店“气改电”项目改造后，年增加低谷售电量 22 万千瓦时，相当于减少二氧化碳排放 228.8 吨。

酒店可通过室温、天气等环境情况，预先设置每天不同时段供热量，设备可全自动运行，极大减少酒店内部人员管理成本。蓄热式电锅炉蓄热储能炉采用固体无压方式蓄热，安全可靠，没有易燃、易爆、腐蚀、泄漏隐患，日常维护量极小。

蓄热式电锅炉可利用电网低谷时段储热，具有显著的平衡电网削峰的作用，提高了电网的利用率。同时，高电压固体蓄热储能炉可作为大功率可调控负荷，为新能源消纳难的问题提供良好的解决办法，提高可再生能源利用率。

五、推广建议

1. 经验总结

项目主要亮点

该项目为江苏省酒店电供暖项目之一，也是国网溧水供电公司同当地政府进行酒店电气化成功合作的典型案例。

国网溧水供电公司在项目规划前期提前介入，在解决用户高昂燃气费用的同时，针对酒店用能需求和当前困境，主动联系，积极配合，最终确定具体实施方案。在项目推进过程中，国网溧水供电公司联合产业公司组成项目攻关团队，团队主导项目规划、方案论证、项目施工图设计、工程实施全过程，为酒店电气化项目的成功推广积累丰富经验。

注意事项及完善建议

酒店电气化项目首先要注重经济性，节省投资，优选高效、经济性技术方案；

其次是能源规划和项目建设规划同时进行，包括水、气、电的共同规划，提高资源利用效率；

再次是提高配套电网支撑能力，加强供电服务，提高项目转化率，积累可复制推广的经验，助力酒店电气化项目的发展。

2. 推广策略建议

（1）目标客户：酒店类型用户。

（2）推广策略建议：

1）客户经理可了解辖区内市政管网未覆盖、天然气价格较高（天然气每立方米价格高于 10 摄氏度谷电价格）区域，了解酒店的热源需求，针对需求制订最优的线路改造方案和技术方案。

2）可通过用客户经理、信息普查等方式了解辖区内酒店燃气供热项目，挖掘潜力项目。

3）针对天然气供热站，可通过增加蓄热式电锅炉机组作为调峰机组，提高供热能力，提高供热系统稳定性，降低客户成本，提高供热效率。

案例 13
江苏省徐州市高校高压固体蓄热式电锅炉集中供暖项目

一、项目基本情况

江苏省徐州市某大学新校区占地面积 1344 亩，其中一期占地 1011 亩，二期占地 333 亩，一期规划总建筑面积约 310 万平方米，二期建筑统筹考虑，暂不具体规划设计。项目于 2017 年 11 月 15 日开工，建设期 2 年。一期建筑 2019 年 9 月投入使用。项目原计划采用空气源热泵+太阳能集热器为宿舍楼 J1～J8 提供生活热水，满足学校 8000 人规模的生活热水需求；计划采用燃气锅炉进行供暖，供暖区域包括宿舍楼 J1～J8、教学楼 A1～A5、后勤楼、后勤宿舍楼、校卫生所、商业街，供暖面积约 17.2 万平方米。

二、技术方案

1. 方案比较

以新校区宿舍楼 J1～J8 供暖和生活热水、教学楼 A1～A5 供暖方案为例。

方案一：采用天然气锅炉分布式供暖，采用空气源热泵+集热式太阳能供生活热水。缺点：徐州市天然气价格较高，后期运行成本较高，且学校属人员密集区域，天然气一旦泄漏极易爆炸，存在很大的安全隐患。

方案二：采用高压固体蓄热式电锅炉供暖，同时给生活热水系统当辅助热源，采用集热式太阳能供生活热水。优点：电热锅炉用电有专门的电价政策，运行成本较低。

表 1 分别从投资、运行成本、安全性能、维护成本、环保及社会效益等方面对两个方案进行比对和分析。

表 1　　方案比较

比对方面	方案一	方案二
类型	天然气锅炉供暖； 空气源热泵+集热式太阳能供生活热水	高压固体蓄热式电锅炉供暖； 生活热水辅热+集热式太阳能生活热水
建设初投资	约 2850 万元，含室外燃气管网，不含室内末端	约 2500 万元，含室外管网及能源站土建，不含室内末端
年运行费用	供暖约 270 万元； 热水约 80 万元	供暖约 190 万元； 热水约 80 万元
安全指数	●●●○○ 设备较分散，多安装于楼顶，不便于排查	●●●●● 设备集中安装在能源站，高压电蓄热锅炉为非承压锅炉
环保指数	●●●●○ 较燃煤清洁，天然气烟气主要排放二氧化碳、水蒸气、氮气，以及少量一氧化碳、甲烷	●●●●● 使用过程中无任何废气排放，管道每年排放极少量循环水
运维指数	●●○○○ 需安排专人运维，设备安装较分散且多于楼顶，不易排查	●●●●● 全自动运行，每天巡视即可，工作量极少，设备每年集中检修一次，后期安装智慧能源管理系统后可实现全自动化无人值守运行
运行效率	●●●○○ 相对较低，设备较分散，无法及时调整运行参数	●●●●● 可分区、分时控制，系统参数调整便捷
占地面积	●●●●● 较灵活，可利用现有屋顶资源灵活布置	●●●●○ 三个能源站约 900 平方米，高压固体蓄热储能炉蓄热密度高
系统稳定性	●●●○○ 系统稳定性较差，设备数量、种类较多，容易发生故障	●●●●● 系统稳定性高，设备集中布置，主设备不易发生故障
主机全周期	天然气锅炉 15 年； 空气源热泵 10 年； 太阳能集热器 15 年	高压固体蓄热式电锅炉 15 年； 太阳能集热器 15 年
最终采纳方案		√

2. 方案简述

生活热水用能需求

为宿舍楼 J1～J8 提供生活热水，满足学校 8000 人规模的生活热水需求，生活热水+洗浴热水用量按 60 升/人/天进行设计，热水温度为 45 摄氏度。其中 J1～J4 生活热水每日用量 240 吨，J5～J8 生活热水每日用量 240 吨。

供暖需求

供暖区域包括宿舍楼 J1～J8、教学楼 A1～A5、后勤楼、商业街等，供暖面积约 17.2 万平方米。考虑学校用能特性，供暖期 80 天，冬季单日供暖时长按 13 小时考虑，其中 J1～J4 供暖面积 56 738 平方米，J5～J8 供暖面积 57 928 平方米，宿舍楼供暖时段为 17:00～次日 7:00，周六日全天供热，其余时间低温运行。教学楼 A1～A5 供暖面积 47 927 平方米，供暖时段为 08:00～21:00，周六日正常供热，其余时间低温运行。其他后勤楼、后勤宿舍楼、校卫生所、商业街等供暖面积 8975 平方米。

供热供暖方案

采用高压固体电蓄热技术集中供暖，技术成熟、清洁环保、储能高效。项目规划新建能源站 3 座，电蓄储能炉总功率 15.4 兆瓦，总蓄热量 82.3 兆瓦时。

1 号能源站装机容量 5.6 兆瓦，为 J1~J4 宿舍楼供暖及生活热水提供热源；2 号能源站装机容量 6.5 兆瓦，为 J5~J8 宿舍楼、后勤楼、商业街等供暖及生活热水提供热源，见图 1；3 号能源站装机容量 3.3 兆瓦，为教学楼 A1~A5 供暖提供热源，见图 2。3 个能源站的对比如表 2 所示。

图 1　2 号能源站

表 2　3 个能源站

能源站	用能需求	供能区域	建筑面积	方案配制
1 号能源站	供暖+生活热水	J1～J4 宿舍楼	56 738 平方米	固体电热储能炉：2800 千瓦，2 台；单台蓄热量：15 000 千瓦时

续表

能源站	用能需求	供能区域	建筑面积	方案配制
2 号能源站	供暖+生活热水	J5~J8 宿舍楼、校卫生所、后勤宿舍楼、商业街、后勤楼	66 903 平方米	固体电热储能炉：3250 千瓦，2 台；单台蓄热量：17 333 千瓦时
3 号能源站	供暖	A1~A5 教学楼	47 927 平方米	固体电热储能炉：1650 千瓦，2 台；单台蓄热量：8800 千瓦时
总计	—	—	171 568 平方米	总功率：15 400 千瓦；总蓄热量：82 266 千瓦时

图 2　3 号能源站

电热储能炉系统流程图如图 3 所示。

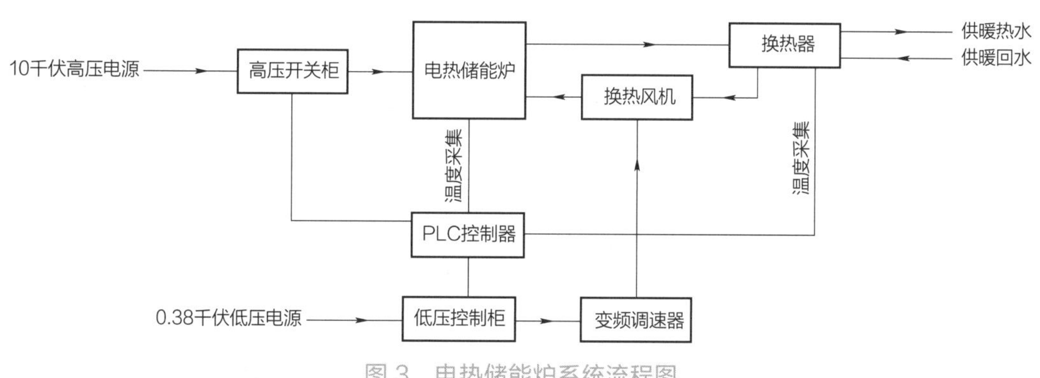

图 3　电热储能炉系统流程图

三、项目实施及运营

1. 投资模式及项目建设

项目总投资 2600 万元，其中能源站设备费 1600 万元，能源站土建 330 万元，能源站管网 450 万元，供电接入工程及设备 220 万元（按不同能源站分，1 号能源站 1000 万元，2 号能源站 1050 万元，3 号能源站 550 万元）。项目总投资纳入江苏某大学新校区建设总投资，由政府落实项目资金。总包方负责配合设计院完成项目全套施工图设计（土建、管网、工艺）、能源站内全部工艺设备安装、调试；总包方负责能源站土建和管网，以及能源站内全部工艺设备的采购。项目建成后，总包方交付给该大学，由物业自行负责能源站的运营及日常维护。

2. 项目实施流程

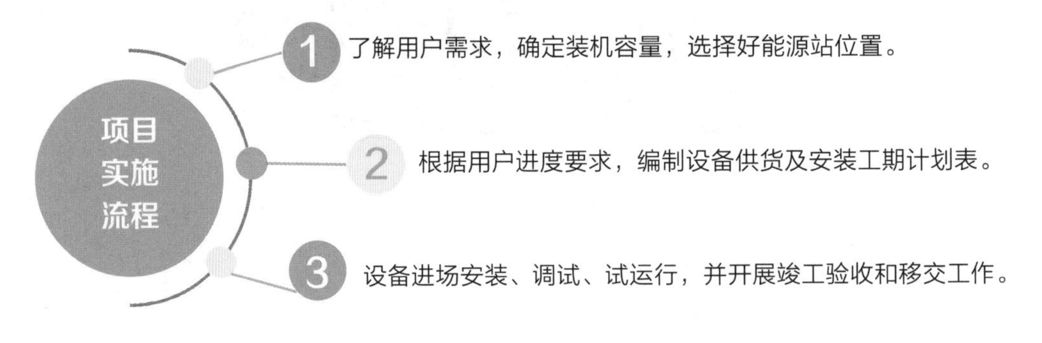

四、项目效益分析

1. 经济效益分析

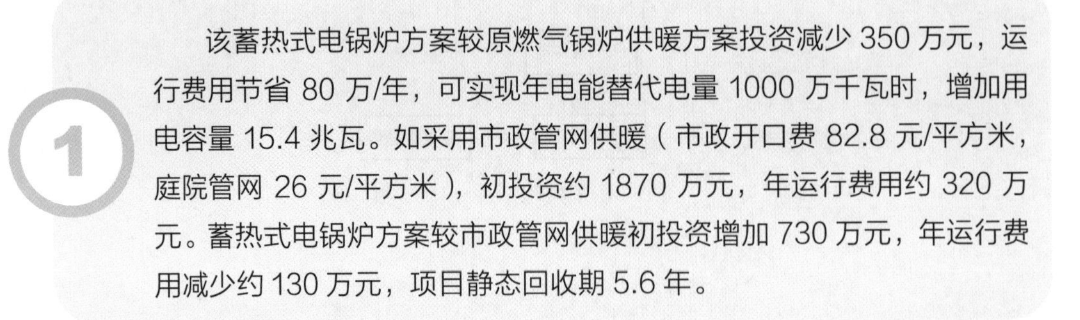

该蓄热式电锅炉方案较原燃气锅炉供暖方案投资减少 350 万元，运行费用节省 80 万/年，可实现年电能替代电量 1000 万千瓦时，增加用电容量 15.4 兆瓦。如采用市政管网供暖（市政开口费 82.8 元/平方米，庭院管网 26 元/平方米），初投资约 1870 万元，年运行费用约 320 万元。蓄热式电锅炉方案较市政管网供暖初投资增加 730 万元，年运行费用减少约 130 万元，项目静态回收期 5.6 年。

2

项目充分利用电锅炉优惠电价政策，在谷时段进行蓄热供热。以 2 号能源站为例，它于 2019 年 9 月投入运行，截至 2020 年 2 月底，总用电量 288.6 万千瓦时，其中平时段电量 19.54 万千瓦时，谷时段电量 268.72 万千瓦时，电费 79.36 万元，平均电价 0.275 3 元/千瓦时；用水 1010 吨，水费约 3060 元。经过近 6 个月的运行，2 号能源站总运行费用为 79.67 万元，同时期内使用燃气锅炉的成本约为 93.80 万元，2 号能源站运行费用较燃气锅炉方案节省约 14.13 万元，达到项目方案的预期目标。

2. 社会效益分析

1

高压固体蓄热式电锅炉安装在用户侧利用电网低谷时段储热，平衡电网削峰填谷作用显著，优化提高了电网利用率。高压固体蓄热式电锅炉可作为大功率可调控负荷，可使用弃风、弃光电储热，既解决了清洁能源消纳的难题，又提高了可再生能源的利用率。

2

根据 2 号能源站的运行情况，随着 1 号和 3 号能源站的运行，该项目预计每年增加用电量 1000 万千瓦时，而且高压固体蓄热式电锅炉在使用过程中无任何废水、废气、废渣产生，能够真正达到二氧化碳零排放，极大减轻潘安湖景区的环保指标压力，为贾汪区实现绿色发展提供良好的示范效果。

3

项目是国网江苏省电力有限公司徐州供电分公司（以下简称“国网徐州供电公司”）在国家“煤改电”“清洁供暖”等政策和国家电网有限公司能源互联网企业建设要求下的一次成功尝试，可以该项目为契机，深耕电采暖市场，建立“以电为中心”的终端能源消费方式。

五、推广建议

1. 经验总结

项目主要亮点

该项目为江苏省校园单体最大电采暖项目之一，也是国网徐州供电公司同当地政府进行能源合作的典型成功案例。国网徐州供电公司在项目规划前期介入，解决了用户的高压外线工程，为项目落地争取了极大的优惠政策。在项目推广的过程当中，国网徐州供电公司联合产业公司组成项目攻关团队，团队主导项目规划、方案论证、项目施工图设计、工程实施全过程，为项目成功推广积累了丰富经验。

注意事项及完善建议

项目的选择首先注重经济性，优选技术方案；其次是能源规划和项目建设规划同时进行，水、气、电一并规划，提高资源利用效率；再次是提高配套电网支撑能力，加强供电服务。

2. 推广策略建议

（1）目标用户：大型公共建筑供暖、区域能源站供暖、工业热源。

（2）推广策略建议：

1）用户经理可了解辖区内市政管网未覆盖、天然气价格较高（天然气每立方价格高于 10 摄氏度谷电价格）区域，了解新建的大型公共建筑供暖、新建工厂工业热源需求。

2）了解辖区内小型热电厂、燃煤锅炉替代后新建供热项目，可以考虑以电为主的区域能源站供热。

3）热力管网未覆盖小区，考虑建分布式电蓄热供暖。

4）天然气供热站，增加固体蓄热式电锅炉机组作为调峰机组，提高供热能力，提高供热系统稳定性。

案例 14 安徽省望江县公司宿舍蓄热式电锅炉供热项目

一、项目基本情况

安徽省申洲某有限公司，现有职工总数 11 000 余人，为保证职工生活区热水供应，该单位原建设 1 台 25 吨/小时和 2 台 10 吨/小时燃煤锅炉。2017 年政府出台相关政策，要求 2019 年年底前关停淘汰 35 吨/小时以下的燃煤锅炉。国网安徽省电力公司望江县供电公司（以下简称“国网望江县供电公司”）主动上门对接，大力推广电能替代业务。该用户多方案比对后，最终决定采用蓄热式电锅炉技术、节能技术及系统装置替代原有燃煤锅炉，在响应政策的同时达到保障自身安全、可靠、经济和节能的经营目标。

二、技术方案

1. 方案比较

方案一：采用蓄热式电锅炉。在夜间低谷电时段（23:00～8:00）运行，进行生活热水加热，供第二天使用。蓄热式电锅炉拥有优良的保温性能，24 小时温降小于 1 摄氏度；可享受专项蓄能电价，运行费用低，经济效益明显；稳定性最好，不受气温及天气影响，一年四季均能可靠提供生活热水。采购设备少，投资成本低；不需要设备房，采用户外一体式结构，系统简单，故障率低。

方案二：采用空气源热泵+蓄热式电热锅炉。进水时通过空气源热泵系统进行预热，然后再通过蓄热式电锅炉进行电加热。该方案既利用热泵较高的能效比，又利用蓄热锅炉的专项电价，综合效益显著。但当天气温度较低时，空气源热泵效果不理想，需要电锅炉进行电加热辅热。此外，空气源热泵系统运行声音较大，由于靠近职工宿舍，会影响职工休息。

方案三：采用太阳能+蓄热式电热锅炉。有太阳时，全部利用太阳能；没有太阳能或太阳能不足时，利用全低谷电蓄热，太阳能利用效率不高。该系统占地面积较大，需采购的设备多，投资成本较高。另外，太阳能集热系统后期故障率较高，运行维护成本增加。

因此，该项目采用方案一：蓄热式电锅炉。

2. 方案简述

用能需求

公司有 4000 个职工住宿，按每天每位职工需要 60 升、50 摄氏度热水计算，每天 4000 人洗浴最大需要 240 吨的热水。项目基本信息见表 1。

表 1 项目基本信息表

建筑类型	企业宿舍	热水温度	50 摄氏度
年使用时间	11 个月	使用人数	4000 人
日热水使用时间	每天 24 小时	执行电价	蓄热式电锅炉电价
原使用设备	燃煤锅炉	电压等级	10 千伏
意向采用方式	蓄热式电热锅炉		

供热方案

项目采用 1.5 兆瓦、180 吨的蓄热式电锅炉方案。按冬天最不利工况计算，进水温度 5 摄氏度，则需要热量 4.52×10^{10} 焦耳。按夜间蓄能 9 小时计算，蓄热式电锅炉功率为 1392 千瓦。考虑一定裕量，选用 1500 千瓦规格锅炉。考虑场地限制、锅炉体积，选择一台 180 吨的蓄热式电锅炉装置，温度加热到 65 摄氏度，满足 240 吨的 50 摄氏度热水的需求。

三、项目实施及运营

1. 投资模式及项目建设

项目实施前，用户生活区仅由一台 1250 千伏安的箱式变压器供电，平时日负荷约 600 千瓦。后期，用户计划新增职工宿舍 250 间，户均容量约 3 千瓦，该箱式变压器容量饱和，故需新增一台 1600 千伏安箱式变压器单独给蓄热式电锅炉供电，国网望江县供电公司投资公用线路的改造部分，企业完成变压器出线后的配电电气设备的改造。

蓄热式电锅炉是由用户投资，由国网安徽某能源服务有限公司设计、建设，项目完成后移交用户。

2. 项目实施流程

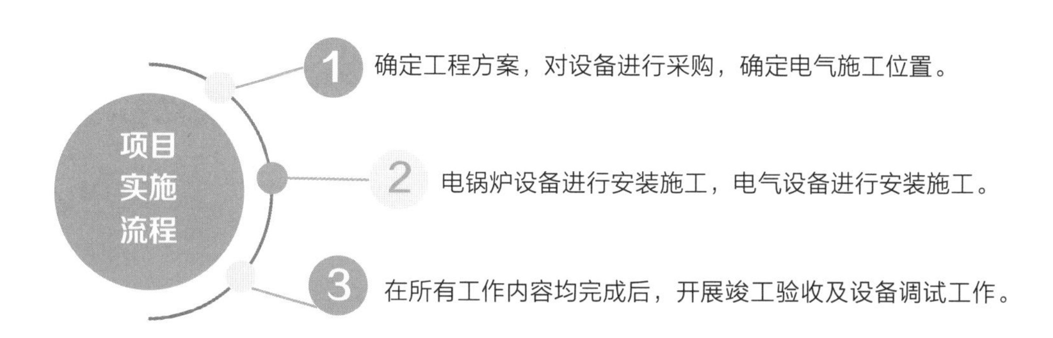

项目改造前后现场图分别如图 1、图 2 所示。

图 1　改造前现场脏乱

图 2　改造后现场整洁

四、项目效益分析

1. 经济效益分析

公司生活区每年供应热水约 300 天，按进水温度 5 摄氏度 100 天、10 摄氏度 100 天、25 摄氏度 100 天计算。则每年需要热量 1.11×10^{13} 焦耳，换算成用电量为 3 062 400 千瓦时。

由于采用夜间全低谷电蓄热式电锅炉，通过向国网望江县供电公司申请可享受专项蓄能电价，低谷每度电约 0.225 2 元/千瓦时。蓄热式电锅炉每年运行费用为 689 652 元。

2. 社会效益分析

节能减排方面，公司年电能替代电量约为 306 万千瓦时，相当于燃烧标准煤 7651 吨，相当于每年减少排放 2 万吨二氧化碳、65 吨二氧化硫、56.6 吨氮氧化物，对电能替代推广以及环保起到了积极推动作用，对区域内广大用户起到良好带动示范作用。

五、推广建议

1. 经验总结

项目主要亮点

蓄热式电锅炉集中蓄热，按需提供，热效率高；因使用清洁能源，运行无污染、无噪声、零排放；非承压系统，安全性能高，运维费用低；全自动控制系统可根据季节及需求特性设定运行方式，运维简单，减少运维人员；平衡电网安全运行，削峰填谷，提高发、变、配电设备的使用率，减少同类设备的投资；可灵活放置，不需单独的锅炉房。

注意事项及完善建议

要求用户留有充足的变压器负荷，变压器负荷不足的用户，可能会面临变压器增容的问题，需增加一定的投资。

设备采用双层结构设计，中间有 15 厘米的高效保温层，可实现长时间保温，24 小时保温温降小于 1 摄氏度，需要定期养护。

设备每根电热管为 10 千瓦，单位面积散热量少，电热管寿命可达 7～10 年，后期需要及时更换。

2. 推广策略建议

适用于医院住院部、公司、企事业单位、浴池、宾馆等大量需要开水、热水的单位。

案例 15
安徽省安庆市医院用能“四联供”项目

一、项目基本情况

安徽省安庆市某医院，规划用地总面积约 282.7 亩，建筑面积约 23.9 万平方米，空调使用面积约 13.47 万平方米，建设床位 2700 张，是一座现代三级甲等医院。医院有供暖、供冷、热水等需求。医院原设计方案为采用燃气锅炉提供冬季采暖及卫生热水，但燃气锅炉是特种设备，存在较大安全隐患，且冬季燃气存在供应不稳定、价格上涨等问题。国网安徽综合能源服务有限公司（以下简称“综合能源公司”）以综合能源服务为切入点，采用电蓄热蓄冷技术，制订“供冷、供暖、热水、蒸汽”四联供技术方案。

二、技术方案

1. 方案比较

方案一：燃气锅炉。优点：造价较低，安装方便，占地面积较小，技术成熟。缺点：属于特种设备，危险性较高，冬季供应不稳定。

方案二：空气源热泵。优点：制冷采暖兼供，安装方便，能效较高，节约费用。缺点：冬季低温天气时，采暖效果不理想，舒适度较差。

方案三：蓄热式锅炉。优点：采用夜间低谷电加热，供应稳定，经济高效，安全环保。缺点：占地面积较大，初期投资费用高。

由于用户为医院，对安全风险及采暖供应稳定性要求较高，故选择方案三。

2. 方案简述

项目基本信息见表 1。

表 1　项目基本信息

建筑类型	医院	供暖面积	约 13.47 万平方米
供暖时间	90 天	日供暖时间	住院楼 24 小时，其他区域约 10 小时
现采暖方式	蓄热式电锅炉	采暖温度	（20±2）摄氏度
原供暖设备	燃气锅炉	末端形式	风机盘管
执行电价	蓄能电价	电压等级	10 千伏
是否有供冷需求	有	供冷时间	6 月 15 日—9 月 30 日
是否有热水需求	有	供应温度	60 摄氏度

（1）供暖方案

用能需求：医院需要 24 小时供暖的住院楼面积 6.75 万平方米，白天 12 小时需要供暖的门诊楼、行政楼面积 6.69 万平方米。

供暖方案：根据 GB/T 50736—2016《民用建筑供暖通风与空调调节设计规范》相关规定，医院 24 小时需要 4048 千瓦采暖负荷（60 瓦/平方米），12 小时需要 3344.6 千瓦采暖负荷（50 瓦/平方米）。供暖最终方案为：蓄热式电锅炉 1 台（见图 1），加热功率 8000 千瓦，在 23:00～8:00 低谷电期间进行电加热，将水加热到 95 摄氏度存储，利用板式换热器交换为 50 摄氏度热水，并循环到末端供暖使用。

图 1　蓄热式电锅炉

（2）供冷方案

用能需求：医院需要 24 小时供冷的住院楼面积 6.75 万平方米，白天 12 小时需要供冷的门诊楼、行政楼面积 6.69 万平方米。

供冷方案：根据 GB/T 50736—2016《民用建筑供暖通风与空调调节设计规范》相关规定计算，医院 24 小时供冷需要 6746.8 千瓦冷负荷（100 瓦/平方米），12 小时需要 8323.7 千瓦冷负荷（120 瓦/平方米）。最终方案为供冷系统配置 1 台制冷量 7384 千瓦（1900 冷吨）的 10 千伏水冷离心冷水机组，配置 2 台制冷量 2039 千瓦（580 冷吨）的 0.4 千伏水冷离心式冷水机组，并利用水箱在夜间低谷电期间进行部分水蓄冷。

（3）供热水方案

用能需求：医院每栋住院大楼有 500 张床位，按每张床位平均需要 55 摄氏度热水 60 升计算，每天最大需要 30 立方米的热水。

供热方案：按冬天进水温度 5 摄氏度，洗浴温度 55 摄氏度，需要热量 5.23×10^9 焦耳，折算成电量为 1450 千瓦时。因低谷电时间为 9 小时，所以电热锅炉功率为 161 千瓦，考虑设计余量，电热锅炉功率按 210 千瓦进行选择。项目最终方案采用太阳能结合电加热蓄能系统，蓄热锅炉 210 千瓦，容体积 30 立方米，配备太阳能集热管 2500 根。日照良好时，利用太阳能加热；太阳能不足时，利用蓄热电锅炉加热至 60 摄氏度存储，采用恒压方式供应生活热水。

（4）供蒸汽方案

用能需求：医院每天均需对医疗器材、病号服等物资进行高温蒸汽消毒，每天需要消毒蒸汽约 2500 千克。

供热方案：医院消毒中心每天工作 10 小时，每小时需要高温蒸汽 250 千克。最终选型方案是：在消毒蒸汽室配置 3 台 100 千瓦的医用电蒸汽发生器，单台额定蒸发量 143 千克/小时，采用二用一备方式，直接提供消毒蒸汽。

三、项目实施及运营

1. 投资模式及项目建设

该项目采用合同能源管理（费用托管）模式，由综合能源公司负责医院冬季采暖锅炉、夏季制冷空调及配套配电设施的投资、建设及运营（不含末端）。医院按季度支付能源托管费用、按流量支付生活热水费用，项目期限 15 年，每年可实现综合能源服务业务营收 1500 余万元。

2. 项目实施流程

2019 年 3 月，安庆某医院与综合能源公司签订能源托管服务合同。2019 年 5 月，综合能源公司完成冬季供暖锅炉、夏季制冷空调等主要设备的招标采购，以及项目安装工程的招标。2019 年 6 月，项目动工建设。2020 年 1 月 1 日，正式投入运行。能源站外观如图 2 所示。

图 2　能源站外观

四、项目效益分析

1. 经济效益分析

该项目运维托管期为 15 年，项目总投资 3700 万元，医院每年向该综合能源公司支付能源费托管费用 1391 万元，生活热水按流量另行计费（35 元/吨），项目预计每年营业总收入超过 1500 万元。同时，能源站每年能耗费、设备折旧费、管理费用约 900 余万元，该综合能源公司预计 6 年可收回投资成本。

2. 社会效益分析

1 节能减排的社会环保效益

医院采用电蓄热采暖锅炉后，年电能替代电量约 700 万千瓦时，每年可减少天然气消耗约 70 万立方米，相当于减少二氧化碳排放 7000 吨。

2 企业转型升级、提质增效经济效益

采用高效的能源集中供应模式及较低的谷段电价，用户每年可节约能源费用 150 余万元，节约人工成本 30 余万元。公司实现了由单一的电力供应向水电冷热气的全面供应的转型，每年增加营业收入 1500 余万元，实现了双方的合作共赢。

3 生产、生活品质提升效益

冬季采暖热水、夏季空调冷冻水，以及卫生热水采用集中供应模式，稳定高效，末端用户舒适度更高。

蓄热式电锅炉为常温常压设备，无爆炸风险，采用全自动化控制技术，安全稳定。

五、推广建议

1. 经验总结

项目主要亮点

该项目采取的电蓄热蓄冷技术，安全可靠，绿色环保；利用峰谷电价差，节约电费，降低了医院用能成本，并达到了电网削峰填谷的效果；采取能源托管运维模式，解决了医院能源专业人才缺乏、管理混乱的问题，提高了医院能源利用效率。

注意事项及完善建议

该类项目属于综合能源业务范畴，建议由综合能源公司统一开展项目的建设施工、运维管理。

2. 推广策略建议

（1）推广的适用条件：蓄热式电锅炉技术普遍适应于需要集中供暖的公共建筑机构。

（2）推广目标用户市场：政府、医院、商业体、酒店等用户。

案例 16
安徽省六安市医院综合能源应用项目

一、项目基本情况

安徽省六安市某医院，按三级医院标准设计建设，总占地面积 150.3 亩，规划建筑面积 21.3 万平方米，是集医疗、科研、预防、保健、急救、康复、养老为一体的现代化大型综合医院。一期工程建筑面积 6.1 万平方米，设置床位 600 张，投资总额为 3 亿元。

二、技术方案

1. 方案比较

方案一：燃气锅炉+中央空调。优点：前期投资较少，增加用电设备容量较少，无需额外增加用电报装容量。缺点：燃气锅炉需要专人运维，且燃气为非可再生能源，对环境存在污染；中央空调运行费用较高，耗电量大。

方案二：电锅炉+蓄冷蓄热空调。优点：无需专人运维，运维成本较低；充分利用峰谷价差，后期运行费用较低。缺点：前期投资较大，需要考虑增加用电设备容量并设置蓄热（冷）水池。

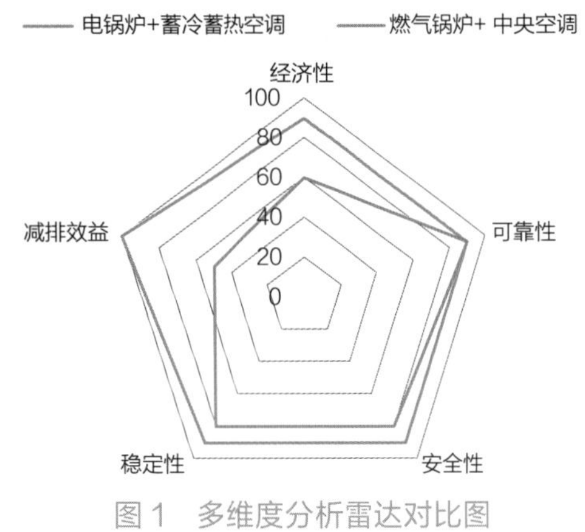

图 1　多维度分析雷达对比图

因此项目采用方案二：电锅炉+蓄冷蓄热空调。两种方案的多维度分析雷达对比图如图 1 所示。

2. 方案简述

项目供冷/暖的面积约 19.6 万平方米（不含净化区、手术区和部分独立空调区域等），其中门诊医技 10 小时（7:00～17:00）供冷/暖面积 9525 平方米，住院部及急诊 24 小时（00:00～24:00）供冷/暖面积

10 052 平方米，制冷期 180 天，采暖期 120 天。该医院一期设置病床 600 张，设计满足 600 张病床的生活热水使用。

该项目有供冷、供暖和生活热水的需求，其基本信息见表 1。

表 1　　项 目 基 本 信 息

建筑类型	医院	供暖面积	约 19.6 万平方米，其中门诊医技 9525 平方米，住院部及急诊 10 052 平方米
供暖时间	120 天	日供暖时间	门诊医技 10 小时，住院部及急诊 24 小时
意向采暖方式	电锅炉蓄冷蓄热	采暖温度	（18 ± 2）摄氏度
原供暖设备	新建项目，无	末端形式	风机盘管
执行电价	一般工商业	电压等级	10 千伏
是否有供冷需求	有	供冷时间	180 天
是否有热水需求	有	供应温度	60 摄氏度

（1）供暖方案简述

用能需求：医院采暖总热量需求为 2.42 万千瓦时，其中低谷时段（23:00～8:00）0.8 万千瓦时，非低谷时段 1.62 万千瓦时。

供暖方案：采暖系统方案选择 1800 千瓦和 1400 千瓦蓄热式电锅炉各 1 台，电锅炉总电功率为 3200 千瓦，见图 2。采用 400 立方米钢板蓄能装置作为蓄热装置，蓄热量 1.99 万千瓦时，满足非低谷时段采暖热量需求。

（2）供冷方案简述

用能需求：医院总冷量需求为 3.28 万千瓦时，其中低谷时段（23:00～8:00）1.99 万千瓦时，非低谷时段 1.29 万千瓦时。

供冷方案：供冷系统方案选择 1 台 800 冷吨冷水机组和 1 台 600 冷吨冷水机组，边蓄边供冷水，满足夏季制冷需要。消防水池进行蓄能改造，一池两用，现有 2 个消防水池，有效容积为 1600 立方米，见图 3，另与供暖共用 400 立方米钢板蓄能装置，共同形成 2000 立方米的蓄能装置用来空调蓄冷。

图 2　电锅炉

图 3　消防水池改造

（3）生活热水方案简述

用能需求：医院生活热水需求量为 60 摄氏度热水 150 立方米/天，最低进水温度按 10 摄氏度计算，生活热水总热量 8878 千瓦时。

供热水方案：采用一台 1200 千瓦的电锅炉和两套蓄能装置，一套 50 立方米的蓄能装置放在地下室供 1～5 层热水，一套 100 立方米的蓄能装置放在楼顶供 6～15 层用水。采用全低谷电蓄能技术，低谷时段对蓄能装置补水并加热至 60 摄氏度存储，满足全天供能需求。

三、项目实施及运营

1. 投资模式及项目建设

为鼓励用户使用清洁电能，降低投资压力，两条 10 千伏专线由当地政府负责投资建设，费用约 750 万元。蓄热（冷）电锅炉、水箱、能源管理系统等设备均由院方进行投资建设、自主运营，工程建设费用约 950 万元。该项目采用工程建设模式，由国网安徽省电力公司六安供电公司（以下简称“国网六安供电公司”）负责项目的设计、建设，项目完成后移交院方自主运营。

2. 项目实施流程

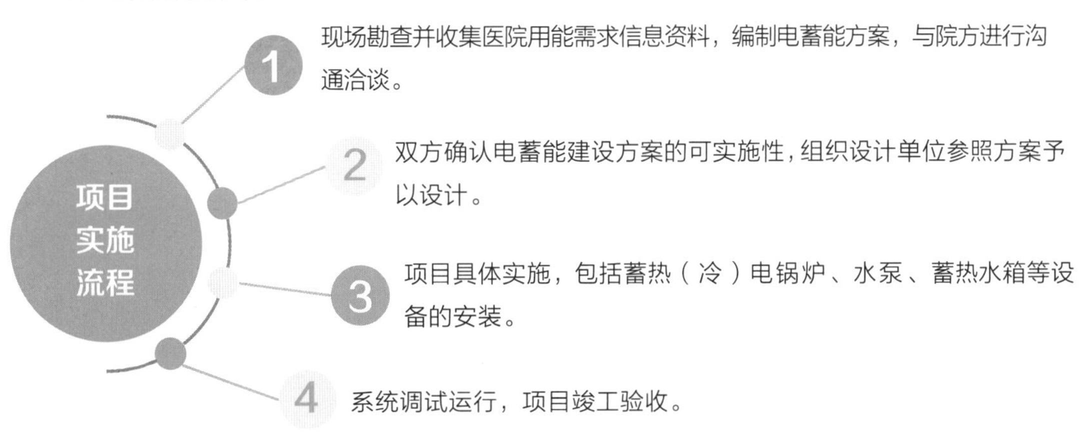

四、项目效益分析

1. 经济效益分析

该项目采用工程建设模式，工程建设总费用 940 万元，其中电锅炉蓄冷蓄热部分由国网六安供电公司负责设计、建设，工程总费用 510 万元。项目投资收益及运营费用分析见表 2。

表 2　　投资收益及运营费用分析

用途	燃气锅炉投资成本（万元）	电锅炉投资成本（万元）	一次性增加投资（万元）	年运行节约费用（万元）	回报期（年）
热水及采暖	208	390	182	86.5	2
制冷	400	550	150	81	
合计	608	940	332	167.5	

相较于燃气锅炉+中央空调，采用电锅炉+蓄冷蓄热空调增加一次性投资 332 万元，年节约用能成本 167.5 万元，投资回收期为 2 年。电锅炉+蓄冷蓄热空调投运后，可大幅节约用户后期运营成本。

生活热水系统每天供应 60 摄氏度热水 150 立方米，采用蓄热式电锅炉每年需用电 328 万千瓦时，电费 74 万元；若采用天然气锅炉需要用天然气 33 万立方米，费用约 120 万元，年运行节约费用 46 万元。采用蓄热式电锅炉供暖，则用户年用能费用为 46.5 万元；若为天然气锅炉，则用户年用能费用约 87 万元，年运行节约费用为 40.5 万元。

2. 社会效益分析

该项目每年可增加电能替代电量约 444 万千瓦时，相当于每年节约标准煤 11 102 吨，每年可减少排放二氧化碳 28 866 吨、二氧化硫 94.4 吨、氮氧化物 82.2 吨。采用电蓄能装置不仅零污染、零排放，且对电网平衡起到了削峰填谷的作用，提高了夜间低谷电的利用率，同时无需额外敷设燃气管网，实现了社会公共资源的有效利用。

五、推广建议

1. 经验总结

项目主要亮点

项目采用的电蓄能装置是精密蓄热（冷）分层装置，拥有高新技术专利的布水器，按均流均压控制技术最大限度实现蓄能与释能，避免能量扰动，将斜温层控制在 0.5 米范围以内，如图 4 所示。蓄冷水池在夏季制冷期间与消防水池共用，做到一池两用。热水与供暖锅炉互为备用，功率随意投切，最大化降低能耗，保障系统稳定性。采用的电蓄能自动监控管理平台，能够智能调配能源分配，实现热水、供暖、供冷分区控制、按需调配及无人值守，最大化降低能量损耗及人工成本。

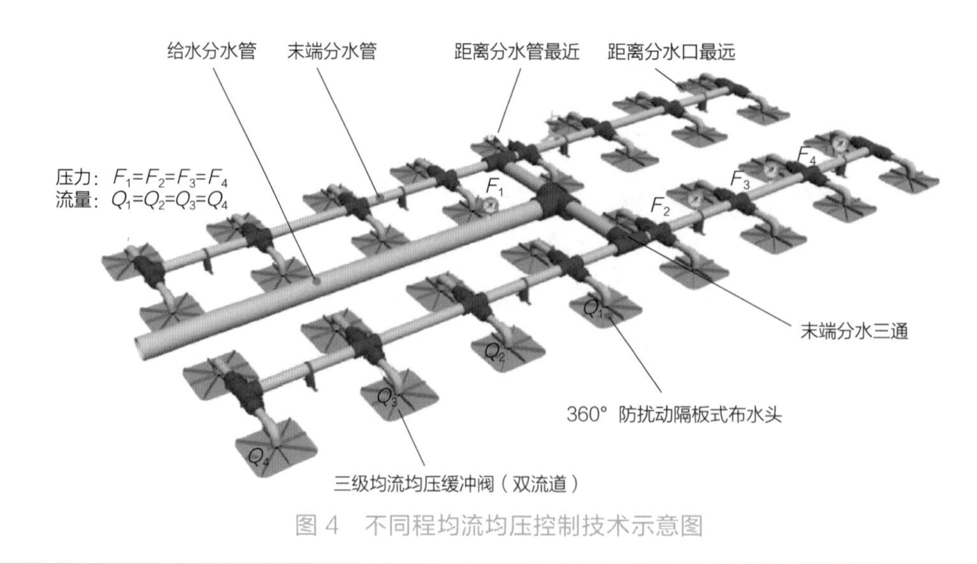

图 4　不同程均流均压控制技术示意图

注意事项及完善建议

由于医院在用能方面涉及供冷、供热、热水等，相对于其他单一供冷或供热项目较为复杂，用能需求、运行时段等需要详细的现场勘查调研才能出具详细的实施方案。针对医院这种综合性项目，公司可提供能源托管服务。

蓄冷蓄热管控应具备合理的保温措施，减少制冷制热温度损耗，有效控制采暖和制冷运行的成本。

持续关注医院用能情况，为医院提出合理的用电建议。进一步关注其他医疗健康领域特色技术推广，提升综合能源服务的推广深度和广度。

2. 推广策略建议

医院、学校、公共机关事业单位、酒店和商业综合体等建筑能耗主要为供冷、供暖及生活热水等，均可作为综合蓄冷（热）的目标用户进行推广应用，具有广阔的前景。推广过程中可根据用户具体情况，结合综合能源服务采用经营性租赁、能源托管等多种供电服务模式，推动该类蓄能项目投资建设。

案例 17
宁夏盐池县农村居民用户蓄热式电锅炉供暖技术

一、项目基本情况

宁夏回族自治区盐池县昼夜温差较大，经济落后，其中某庄居民采用烧火炉等方式取暖，既不安全也不环保，受限于宁夏的环保政策，亟需进行改造。蓄热式电锅炉相对于煤、柴油等采暖方式，具有安全环保、经济高效、舒适便捷、可持续发展等优势，可用于宁夏回族自治区清洁供暖工作。

二、技术方案

1. 方案比较

方案一：空调。优点：外形美观，舒适度高，温度与时间可调节，适用于面积较小的住宅。缺点：前期投入费用较高，耗电量大，保暖性较差。

方案二：燃煤锅炉。优点：使用方便，温度适宜，适用于农村住宅。缺点：发热量低，温度不可调节，对环境污染性较大，容易产生有害气体。

方案三：蓄热式电锅炉。优点：使用方便，环保，无污染排放，温度可调节，使用成本低。缺点：前期投入较大，成本略高。

本项目选择方案三：蓄热式电锅炉。

2. 方案简述

该地区有 50 户居民，每户房间实际供暖面积约为 100 平方米，每户配置一台功率 3 千瓦的蓄热式电锅炉，通用墙暖气片尺寸为 80 厘米 × 120 厘米。该地区安装蓄热式电锅炉所需的总功率为 150 千瓦。

项目基本信息见表 1。

表 1　　项目基本信息

建筑类型	居民住宅	供暖面积	约 100 平方米
供暖时间	150 天	日供暖时间	10 小时（晚上）
意向采暖方式	蓄热式电锅炉	采暖温度	（18±2）摄氏度
原供暖设备	燃煤锅炉	末端形式	暖气片
执行电价	清洁供暖电价	电压等级	220 伏、380 伏
是否有供冷需求	无	供冷时间	无

该项目所采用的蓄热式电锅炉，利用水作为蓄热介质，其工作原理示意图如图 1 所示。

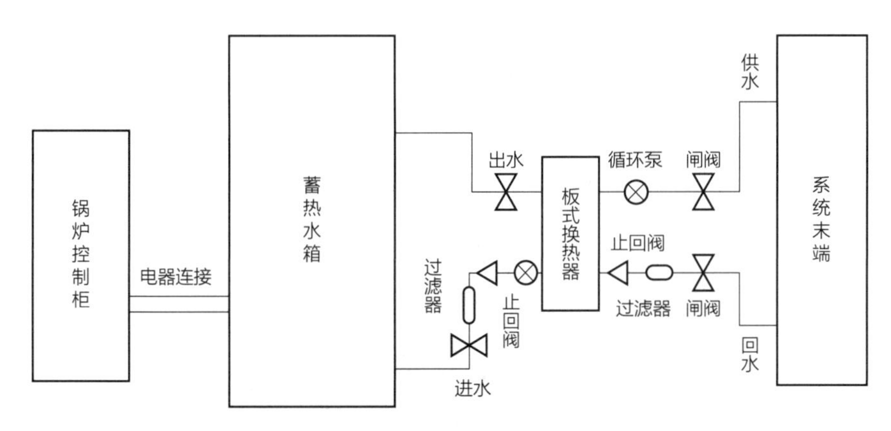

图 1　蓄热式电锅炉工作原理示意图

三、项目实施及运营

1. 投资模式及项目建设

该项目由用户自行投资改造，改造完成后属于清洁供暖范畴，享受清洁供暖电价。项目执行峰谷分时电价政策，分为 2 个时段，即谷段 22:00～8:00（10 小时）、峰段 8:00～22:00（14 小时），用户选择后一年内保持不变。峰段在现行电价（0.4486 元/千瓦时）标准基础上加 0.05 元/千瓦时，谷段在现行电价标准上降低 0.2 元/千瓦时。

2. 项目实施流程

（1）确定蓄热式电锅炉功率后，选择好安装位置（有适当空间和电源供给）。

（2）确保散热效果的情况下，按照安装要求进行安装，如图 2 所示。

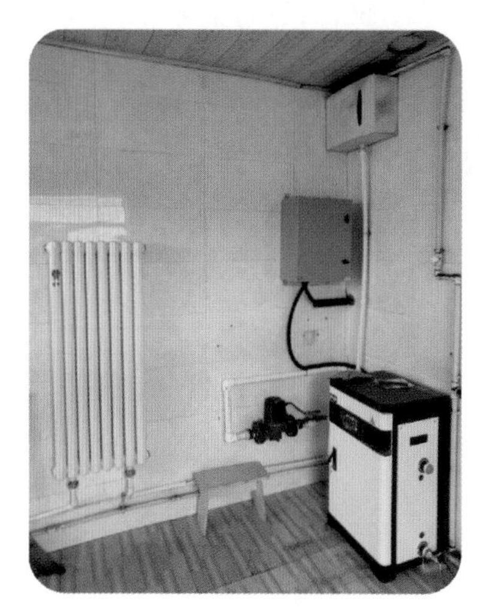

图 2　安装成功现场图

（3）在所有工作内容均完成后，开展竣工验收及设备调试工作，如图 3 所示。

图 3　竣工验收及设备调试

四、项目效益分析

1. 经济效益分析

该地区共计配置 50 个 3 千瓦蓄热式电锅炉用于冬季用户采暖，每个蓄热式电锅炉价格约 3000 元，则总投资为 15 万元。该地区供暖总量为 150 千瓦，蓄热式电锅炉供暖实际运行时间为 10～12 小时，以 10 小时计，冬季供暖期按每年 11 月 1 日—4 月 1 日计，共计 150 天。

该地区冬季（150 天）总用电量约 225 000 千瓦时，每年供暖运行费用为 225 000 × 0.248 6=55 935（元）。清洁供暖电价优惠费用为 225 000 × 0.2=45 000（元）。

2. 社会效益分析

节能减排方面，某庄年电能替代电量为 225 000 千瓦时，相当于燃烧 562 612 千克标准煤，相当于每年减少排放 1 462 793 千克二氧化碳、4782 千克二氧化硫、4163 千克氮氧化物，对电能替代推广以及环保起到积极推动作用，保障清洁供暖政策落地见效，同时为电网调峰做出贡献。

五、推广建议

1. 经验总结

项目主要亮点

项目位于宁夏回族自治区盐池县，冬季潮湿阴冷，昼夜温差较大，且不属于集中供暖地区。采用蓄热式电锅炉采暖时，整个房间同步升温，持续供暖，热平衡效果好，同时比空调制热省电，比煤锅炉更干净环保，在清洁供暖优惠电价的福利下，用能成本低，并为电网调峰做出积极贡献。

注意事项及完善建议

供暖房间应具备合理的保温措施，减少室内热量的散失，有效控制采暖系统运行的成本。

电供暖宜在晚上使用。在晚上对采暖区域实行制热，白天保持室内温度，减少采暖运行成本。

请勿在散热面直接覆盖棉织物，或直接作为衣物烘干器使用。

散热面前，尽可能保持空旷，利于热辐射向人体传热，也利于围护结构升温。

由综合能源公司参与，按需测算蓄热式电锅炉功率及合理使用时间，降低用户投资成本与运行成本。

由综合能源公司参与，三方联合对自然村、乡镇区域等集中板块实施统一管理，集中蓄热式电锅炉供暖。

2. 推广策略建议

（1）在学校、医院、大型酒店和相关政府机关单位安装蓄热式电锅炉。

（2）在无集中供暖条件下的乡镇、社区等宣传清洁供暖电价优势，合理引导用户安装蓄热式电锅炉。

（3）联合环保、政府等单位对使用燃煤锅炉的用户积极宣传蓄热式电锅炉的优势以及清洁供暖电价政策。

案例 18
湖南省永州市商业综合体冰蓄冷项目

一、项目基本情况

湖南省永州市某家居商场是永州市一站式体验家居购物中心，商场共分为 5 层，总面积 4 万多平方米，人流量集中，供冷方式需经济节能。在规划建设期间，客户在溴化锂燃气中央空调、中央空调、蓄冷式空调系统之间犹豫不决，国网湖南省电力公司永州供电分公司（以下简称“国网永州供电公司”）把握客户需求，提前介入，积极向客户推介空调优势，客观说明燃气中央空调能耗高、维护复杂等特点。经综合对比，客户最终决定采用蓄冷式空调系统。

二、技术方案

1. 方案比较

方案一：常规空调系统。优点：前期投资较低，建设周期较短，技术要求低，适用于居家及小型商业楼宇。缺点：后期运行成本较高，节能效益低。

方案二：冰蓄冷系统。优点：高效节能，后期运行维护成本低，经济环境效益显著，适用于大型商业综合体及酒店。缺点：技术要求高，建设周期较长，占地面积偏大。

由于目标客户属于大型商业综合体，首要考虑运行成本，故选择方案二。

2. 方案简述

为节省初始投资，选用负荷均衡的部分蓄冰方案。为保证除湿效果、空调水温必须较低。综上所述，制冷机选用 2 台双工况制冷压缩机，如图 1 所示，单台制冷机的标准工况制冷能力为 1500 千瓦。选用 22 台蓄冷量 190 冷吨小时的蓄冰桶。

图 1　离心制冷压缩机组

三、项目实施及运营

1. 投资模式及项目建设

该项目由客户出资建设、自主运营，配电部分属于客户低压侧改造，由客户进行投资。

2. 项目实施流程

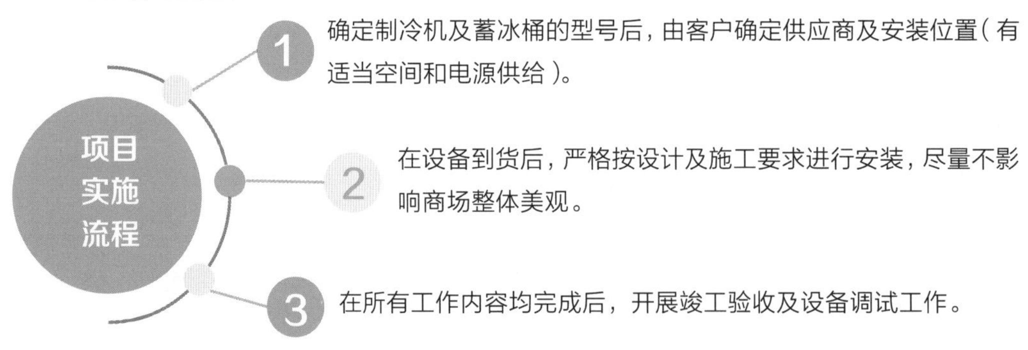

四、项目效益分析

1. 经济效益分析

该家居商场制冷、蓄冷系统初始总投资共计 598.65 万元，相比常规空调系统增加 126.6 万元。该商场全年总制冷天数约 152 天，制冷用电量 142.2 万千瓦时，每年制冷运行费用为 80.2 万元，较常规系统节省 26.47 万元，额外投资的理论回收年限为 126.6÷26.47=4.78（年）。

2. 社会效益分析

该家居商场年替代电量 142.2 万千瓦时，相当于每年减排二氧化碳 9231.85 吨、二氧化硫 30.18 吨、氮氧化物 26.28 吨，对电能替代推广和节能减排起到了积极推动作用。

五、推广建议

1. 经验总结

项目主要亮点

永州地处西南部，夏季较长，且峰谷电价差较大，推广电蓄冷系统，充分利用电价峰谷分时政策，利于提升节能效益。

注意事项及完善建议

对双工况主机和蓄冰槽进行合理选型，既要充分满足负荷，又要尽量减少系统装机容量。

确定最优化的控制策略，充分利用单位冷量的成本差值，最大化减少空调电费。

准确预测系统冷负荷并实时优化控制策略。

2. 推广策略建议

（1）在制冷面积达到 1.5 万平方米以上时，冰蓄冷系统相对普通空调系统运行成本更低，建议在大型商业综合体、办公楼、医院或者酒店推广使用该系统。

（2）由于该系统主要利用峰谷电价差进行成本优化，建议在制冷天数不低于 120 天的地区进行推广使用。